日日小掃除 舒壓整理術

家事服務師 林可凡 ——著

Conten

讓家事，成為撫慰生活的方式

清理汙垢，煩惱也一起帶走了

整理空間，人生也一起整理了

打掃家裡，同時清理人生

可凡的書要出版了，這真是以前沒想過的事情，讓我來回憶一下過程吧！

台北工作室的成立，一開始是為了我從事的身心靈成長活動、課程，還有各種聯誼的小型聚會，我邀請了以前在社區大學寫作班的學員來聊聊，可凡來了，接著也參加了「心靈座談會」及其他的活動。

二〇一四年聽到她說：「我現在在做打掃的工作。」說真的，一開始我不太能接受，以前唸台大的她，怎麼在做打掃呢？不是唸台大的人不能做打掃的工作，也不是打掃的工作有什麼不好，直覺的反應是這兩件事（「唸台大」和「打掃工作」）沒有什麼連結，我自己在心裡的說法是：「那是暫時的，她總會去找個穩定又是坐辦公室的工作吧！」

然後她繼續來參加活動，也繼續打掃。我注意聽她說話，聽著聽著，耶！我聽出她的打掃和我印象中歐巴桑的掃法不一樣，那時候她在工作中遇到一點狀況，我的看法是：她需要轉型，往上提高階層，才不會辜負她的能力，和她應該走的道路。

還有，我從公職退休後，改做自己喜歡的事情，遇到了各種年齡層的人，發現現在的上班族，低薪、工作時間長、忙碌、加班沒有加班費，想到打掃的時薪比較高，工作時間自由、彈性，可以在賺取生活所需後，其他的時間做自己想做的事情，還有，我覺得很重要的是，可以暫時離開手機、電腦，做點身體的勞動，對身心是有益的。

　　我建議我們來開班，培訓「家事服務師」，我說了幾次，每次不超過三句話。後來她答應了。我和她開始籌劃要怎麼進行？先辦兩場免費的說明會，並將開課的時間定下來，兩人分工，說明會時我介紹工作坊在做什麼，她做家事服務師這個行業的簡介，還有課程內容。

　　我請她將大綱列出來，傳給我。幾天後我接到大綱，嗯！很好，內容要講什麼，約個時間，先說給我聽。我聽著聽著，大大出乎我的意外，她提到「專注又放鬆」、「生活禪」等她領悟出來的想法，真的和別人不一樣。

　　於是照著預定計劃，兩場說明會辦完，課也順利開起來。開了幾次後，發現有人是來掃自己的家，於是課程分兩種，要當工作的，和掃自己家的，這兩種課程除了工具介紹一樣外，其他的如：心態、做法是不一樣的，實習的做法也改變了幾次。

　　每個月的討論會，大家可以將工作時遇到的情況說出

來，互相討論，增進和客戶的互動能力，技術也可以繼續精進學習。

服務師們，包括我自己學了之後，最大的收穫和改變是，原來將打掃（自己的家）視為討厭的苦工，現在變得心情愉快，樂於打掃了。原來，工具的選擇和正確使用很重要，還有不要逼迫自己，規定自己一次要全部掃完；掃完後自己欣賞，自己先用，和家人的協商和劃定領域等，這些都是很重要的觀念和做法啊！

隨著家裡越來越乾淨、整齊後，不只自己的腦袋越清楚，心情愉快，凡事順利，工作和生活也會發生改變，總是想要的會來到，避開不好的，人生越來越好；家人也是，連帶地發生改變，這些家人的改變沒有教，沒有唸，是我將自己的事情做好，他們也會自動將自己該做的做好。

這很神奇喔！不相信？當然不相信，因為這是要去「做」的，本書除了「閱讀」之外，請你──

・找個自己「願意」和「可以」的時間

・站起來

・一天丟（回收）三張紙或三個瓶子（物品）

・一次清潔一個洗手台或桌面

・每天（幾天）做一點

～～累積下來～～

有一天會發現──

・家裡不一樣了！

・人生也不一樣了！

「熟女工作坊」召集人　吳淑姿

整理專家的一致推薦

　　掃除究竟是苦差事，還是一件可以從中找出樂趣，進而滋潤身心的事呢？其實很多拖延以及視而不見，只是因為「我不明白為什麼非得要做這件事」。跟著林可凡老師的腳步，使用正確省力的打掃方式，讓家裡清潔明亮的同時也療癒身心。相信妳一定會從外而內見證自己的改變！

駐日作家　明太子

··

　　沒有什麼比整理更能即刻改變生活！從心法到技巧，完全掌握打掃眉角。

JALO 日本生活規劃顧問　劉宇彤

打掃和打毛線一樣，
需要學習，也可以找到樂趣

記得剛認識外子時，有次在他的工作場域等他，覺得髒兮兮的電風扇跟整潔的環境格格不入，就隨手將風扇拆了沖洗，再重新組裝。原本風扇的外罩與扇葉上積了一層毛絨絨的灰塵，都被我洗掉了，外子發現後感動不已，我心想，不就是清個電風扇，有這麼難嗎？

我才了解，真的會有人怕拆了裝不回去，不敢拆開各種家電，例如電腦、手機、吸塵器、空氣清淨機等等。所以，也有人會因為沒人教過，就不會使用打掃工具、總是用事倍功半的方式在痛苦打掃嗎？

會以居家清潔為業，也是在友人的驚嘆之下，才意識到自己與他人相比，或許是擅長家務清潔的，似乎可以試著當成事業發展。雖然我並不覺得自己在這方面有特別厲害，不過喜愛或是否擅長某事，也許並非以自己的主觀為基準，而是與他人比較而來。

對我來說，如果寫書法、打毛線、摺紙、烤蛋糕這類的興趣，只要照著書上的圖示跟著學、動手做就能學會，那麼

或許清潔也可以如法炮製。於是我開始思考，如果我可以寫一本清潔的書籍，讓讀者覺得打掃就像是打毛線一樣，不算太難，雖然不是愛做的事，但久而久之可以體會箇中樂趣，那麼我用來苦惱該怎麼寫下這本書時，所犧牲的睡眠時間或許也值得了。

生活中的許多大小事，或許主導權在別人手上、有太多事都需受人左右，但打掃自宅，絕對是自己可以控制的！當你開始打掃，就只會有變乾淨，與變得更乾淨的差別而已。就算是書堆上積累的灰塵，也誠實地提醒了我：是不是太久沒有讀書了！

感謝身邊的朋友以及編輯們的鼓勵，讓我可以把心中的OS 都整理出來，也讓更多人能夠感受我對掃除的真誠。

家事服務師　林可凡

Part
1

讓家事，
成為撫慰生活的方式

不委屈、不疲累，
讓整理變成一件愉悦的事。

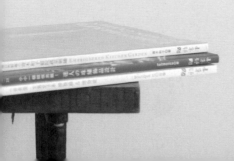

家事職人的
打掃心法

　　打掃其實是件很簡單的事，只要跨出第一步「動手做」，就會看得到改善成效。但很多人往往不是「不會做」，而是「不想做」，一想到打掃就發懶，覺得這些家務就是很討厭、很煩人，當「做家事」與負面情緒連結在一起時，就會選擇逃避，或是相互推給家人。

　　所以學習家事功法前，調整心態、重新建立自己與家事之間的關係，是非常重要的。這些年，我也從打掃之中轉換了很多想法，慢慢的，我發現這些都會成為讓我每天保持愉快掃除的關鍵。

Finishing magic

別想一步到位，那只會累死自己

對我而言，打掃很像是一種練功的過程，隨著每一次動手打掃，不管是心境、環境都會有所收穫。重點在於分次、分階段進行，有做就會有所改善，不要強求完美的結果。

請記住，打掃不可能每次都能一步到位，盡可能的將打掃融入日常每天中，而不是每年只大掃除一次，然後把自己累得半死、躺個三天，下次再掃又是一年後。

設定時間，讓打掃更專注

如果我今天有兩個小時可以進行打掃，我會先決定自己要做什麼、掃到什麼程度，確定之後再開始。而這兩個小時也不會完全塞滿滿，不要讓緊湊的打掃工作造成壓力。

通常我會設三個鬧鐘提醒，第 1 小時是休息，再 30 分鐘準備收尾，最後是提醒已經掃了 2 小時。

打掃就像是修行的過程，一開始會困惑為什麼有人會覺得打掃是一件愉快的事，但持續久了之後，就會從過程中獲得屬於自己的心得。不要把打掃連結到充滿壓力或者不得不去做的苦差事，而是將它當作日常生活中的自我實踐，打掃的過程應該要是愉快的，而過程遠比成果更為重要。

打掃時，
以「我」為出發點，
而非「空間」

　　我希望打掃時，大家可以「我」為出發。以「我」為主的思考模式是：我今天要來打掃廚房，但我不想太累，所以大概掃一個小時就夠了，那我就在這一個小時內好好打掃可及範圍。

　　因為很多時候，我們都是想著「廚房好亂，今天要把廚房都弄乾淨」，這就會變成以「空間」為出發點的打掃，而且終點遙遙難及。

For Myself

讓掃除變成愉悅的事

以自己為優先的這件事雖然說起來容易，但執行上其實有點困難。從「打掃」這件可以自己安排的小事開始，練習如何以「我」為優先。打掃完以後，也由自己最優先享受乾淨、舒適的空間，就會讓掃除從痛苦變成愉快的事。

更神奇的是，當你不去想「如何才能掃得最乾淨」，而是「如何讓自己可以省時又省力」時，久而久之，打掃的技術也會進步。

打掃不是為了別人，而是為了「自己」

維持居家環境其實是全家應該一起分擔的事，雖然每個人對髒亂的容忍度不同，如果真的談不攏家事分配，那麼只掃自己的區域也無所謂，讓打掃成為「為了自己」的事，而不要充滿「因為家人不做、我必須做」的怨念。

雖然全家人都會享受到打掃的結果，但出發點必須要是「自己」。如果總是想著是為了家人打掃，就會變成一項苦差事。記住，為自己而掃、打掃完也成為最先享受的人，就不會把掃除當成對家人抱怨的理由。

打掃
教我的事

這幾年累積下來的掃除經驗，加上要準備教授打掃課程的教案，讓我進一步思考與研究自己對於「打掃」這件事的心態轉變。

一、不分心在物品，專注打掃的意志力

我發現掃別人家時，比掃自己家容易專心，後來細細找出原因，發現這其中的差異。

打掃別人家時，面對的不是自己的物品，較不會產生情感上的連結，大多時候會專心的把焦點放在要擦的桌面上，

Reflection

而不會注意到桌面上有哪些東西。原來情感上與物品保持距離，是打掃時不會分心的關鍵。

二、養成不需思考的短時高效打掃法

到別人家打掃時，如果想要在有限的時間裡達到最高的清潔效率，工作步驟就必需細分到每一個步驟都簡單到不需要多想。

客戶每次在我打掃前，已經決定好當次的工作內容，我就只需要想著如何實踐客戶的意願，專注在當下，沒有自己的偏好。

同理，自己在家把收納跟清潔分別找時間做，清潔前已經預想好當次的打掃內容，動手清理時，就也會專心在「打掃」這件事上。如果悠哉地研究新的工具，注意力就會放在使用的感受，打掃工作會變得拖拉。

三、定期定時打掃，就會越來越乾淨

如果我每週固定前往打掃某些客戶家，這些家通常都會逐漸地變得更加乾淨，再加上客戶的信任，工作內容也會擴展到整理收納。此時改成隔週打掃一次，就足以「維持現

狀」。所以定期定時的打掃，環境看起來似乎沒有太大變化，但維持現狀其實是個動態的平衡。「維持」這個持續性動作，也不全然是連續不斷的。

以我自己打掃自家為例，如果是日常「維持現狀」的清潔程度，會分幾次輪流打掃不同區域，每次大約 1 到 2 小時即可完成。

如果是想徹底地打掃，家具要移開、椅腳底要擦的這種掃法，其實也是客戶教會我的。我自己家的電腦椅從來沒有放倒來擦輪子，但是偶爾會把濕布鋪在地上，把每個輪椅腳來回滾過抹布幾次，或是跪趴在地上將椅面下的部分擦拭一遍，對我來說這就夠徹底了。

四、看不見不代表不存在

很多家具周圍布滿灰塵，是大家容易忽略的地方。為了避免這種情形，我家的家具我都可以自行搬動至一步的距離，這是當初購買時就考慮過的，重量都不超過 20 公斤，而且都不加裝玻璃櫃門。如果需要搬動超過一步距離時，再請外子協助。

打掃時要搬起家具，將原本家具底下的地板擦拭乾淨，以及平常擦不到的家具背面與側面，或許還有頂面與裡面。

打掃完再把家具搬回定位後，空無一物乾乾淨淨的家具，往往會促使我捨得出清一些東西，然後才把留下來的物品放回家具上。

如果很介意木頭地板可能被刮傷，最好還是兩人一起搬起家具移動。附輪的文件櫃、收納箱、收納推車等等，都是最方便移動的。但是若是把原有櫃子加裝輪子時，要考慮櫃子放滿時的重量還推得動嗎？甚至也可能因為重量集中在四輪而壓壞地板或壓壞輪子。

五、乾淨與否自己說了算，不要和別人家做比較

從打掃客戶家領悟到的，還有不要比較的平常心。

有些人會好奇別人家的日常情形而詢問我細節，我很難回答這類問題，除了覺得有違專業道德，另一方面也是因為我是依照客戶的視角進行打掃，客戶如果覺得不用清理，我就也不會去執行。對於我而言，客戶的需求會擺在第一優先，打掃原則才是其次。

即使是我遇過最乾淨的家，主人也不會認為自己家是最乾淨的。每個人都不會是最乾淨的那個，也不會是最髒亂的，因為每個人打掃的重點都不會完全一樣。

重新建立
與物品的關係

透過每天、每週、每個月打掃的過程，可以漸進式地認清自己與物品之間的關係、自身的需求，以及多少物品量才能讓家裡維持整齊、舒適的狀態。

轉換對於髒東西的思考方式

當我們看到灰塵時，通常會覺得灰塵、汙垢很髒、很煩，但也可以當作一種提醒：是不是不常用到這項東西才積了一層灰塵？或是想成灰塵是為了提醒我們該打掃了，才會悄悄出現。

Rebuildling

有些人無法容忍地板上有毛髮，覺得地上有頭髮是一件很討厭、不舒服的狀態，但大家有想過嗎，為什麼對於地上的頭髮是充滿厭惡，但是頭髮在我們頭上時，是一個很寶貝呵護的東西，怎麼同樣的東西換了地方，就變成如此令人厭惡呢？

透過打掃，重新認識自我

有時我們在打掃的過程中，會發現某些生活中的物品好像有點「礙事」，我們會開始思考是否真的需要這項東西、是否該擺放在這個位置。久了之後，用不到的東西就會從桌面移到架上、從架上收起來，有一天我們就知道該丟掉或送人了。

清掃是個漸進的過程，可以意識到物品如何參與自己的生活。對自己的需求有了正確的認知後，就不會一再爆買、亂買，自然而然慢慢往簡單生活靠攏。

我的**收納法則**

　　對我來說，收納是為了方便取用，不用努力翻找、隨手就可以找到想要的東西。以這樣的標準來看，就很好收拾。

　　我採用的分類收納箱都是一眼可以看到內容物的款式，不管是透明、霧面或是柵欄式的。幾乎不用抽屜，改用類似賣蔬果的小方籃堆疊，不用上蓋。

　　衣服集中放在一間房，吊掛在開放組合式不鏽鋼衣架。櫃子也都是開放式沒有櫃門，家中應該只有電子防潮箱和冰箱屬於密閉櫃。

Storage Rules

決定物品去留的思考方式

　　分類物品時也需循序漸進，先不動手，但也別多想，大致看清楚這一堆雜物裡大概有哪些東西即可。我會一層層細分，但每層都是分三類就好，不然會太快累。

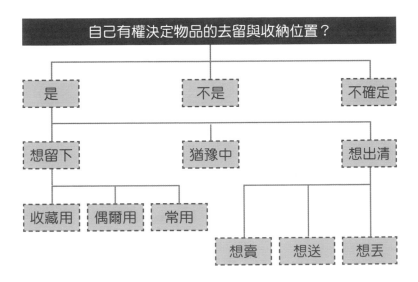

開始進行整理

　　當想累了就是該動手，讓腦袋休息一下的時候了。從最容易做的「想丟」類開始。直接丟進垃圾桶、丟到資源回收處。電話通知清潔隊，搬到指定地點等等。丟完如果還不

累，就再動手「想送」類，送去舊衣回收箱、寄給偏鄉圖書館、寄給流浪動物收容處所等等。

有些人會覺得出門一趟把「要送」與「要丟」的都一次辦好。或是等要丟的東西累積到夠多，再一次丟光，然而卻可能變成已經不想留下的東西，卻一直佔用家中空間。所以實行的步驟採用漸進式，一小步一小步地前行，反而更快更輕鬆。

當把「想留下」、「想出清」的分類整理完後，可能是幾天甚至幾個月後，時間長短完全視個人而定。一段時日後，對於「猶豫中」的部分物品應該也能做出留下或出清的決定。還是很猶豫的東西我就不會再細分，等待未來的自己決定。

對於「不是」自己有權決定去留與收納位置的東西，我只要確定該是誰決定並通知他，定下交接期限，否則由我決定去留，就算完事了，不算太難。真正的挑戰是「不確定」，有時電話商量還不行，還得見面詳談。

三道關卡內，完成收納

取用東西如果要經過三道關卡我就覺得不方便了，所以我寧願不細分，要用時再分。例如以下情形，就是過於麻煩的程序：

1. 打開儲藏室的門

2. 爬上樓梯

3. 推開櫃門

4. 搬下收納盒

5. 打開盒子

6. 從一個個牛皮紙袋找出所需文件

即使收納盒貼標籤，牛皮紙袋也寫說明，似乎也沒發揮什麼功能，我會簡化成：

1. **上層**：放棉被、衣物、衛生紙串等不怕摔壞的大物件。櫃子採用無門式層板架。

2. **中層**：放置文件。將牛皮紙袋改成透明夾鏈袋或透明文件夾。

3. **下層**：放置易碎品重物。使用的是無蓋、透明的收納盒。

與其花時間收藏東西，不如花時間對自己好

收納時會發現，也許不是東西太多、儲藏空間不夠，而是自己時間太少，沒時間也沒心情享用這些東西。既然我對完好卻沒用的東西下不了狠手，就只能發狠地對自己好。

像是把放很久沒喝的茶包拿來泡湯、把便條紙拿來當作杯墊，更奢侈一點的作法，把沒在用的盤子當成盆栽的接水盆，用久髒了更好，再換新盤子。

我想收納整理就像是拼圖，一片片反覆端詳細看，還需要一大片空處暫放拼圖片，漫長的時間其實不是花在拼圖上，是在自己身上。

享受吧！一個人的
打掃時光

很多人不喜歡打掃，並非是討厭做這件事，而是帶著錯誤的想法或觀念，進而影響行動力，試著改變過往打掃時的心態與觀念，你會開始享受家事帶來的美好。

找到打掃的動力

掃除並不困難，難的是不想、不願意、不知道為什麼而掃。有時候我們明明知道應該要動手打掃了，卻還是找不到動力去做。如果總是被他人嘮叨著做，才心不甘情不願地收拾，當然無法愉快地打掃。但若是為了讓自己舒服生活、為了自己享受舒適的房間，和被逼著做的感覺就完全不同了。

Delightful Time

找出打掃的動力相當重要，不管是為了自己、為了家人，在情感上找出驅使自己主動打掃的動力，才能享受掃除的過程。

打掃沒有終點，過程比結果重要

打掃其實是一件沒有盡頭的事，即使今天用盡全力掃乾淨後，過兩天就會開始積灰、變髒。

如果從消極的角度看來，打掃是一件需要持續、沒有終點的事情，但是你也可以這麼想：掃除是一件只要去做，就會有所改善的事，這是立即從肉眼就能察覺的。也因為打掃沒有盡頭，享受打掃的過程就變得相當重要。

在掃除中對自己、對生活的察覺也相當重要，養成定期掃除的習慣之後，我們的生活型態也會慢慢跟著有所改變。

建立自己的標準

每個人對「乾淨」的標準都不太一樣，有些人會覺得一定要打掃到一塵不染，或是每天都要掃地、吸地板，地上有頭髮就覺得不舒服；有些人卻覺得只要一周或一個月掃一次、保持最低限度的清潔就好。

打掃要從「我」出發，怎樣的狀態才舒服、怎樣才算乾淨，也應該自己決定，而不是把環境打掃到他人眼裡的乾淨程度，這只會讓掃除變得充滿壓力。因此在開始動手打掃前，先找到自己對乾淨的標準吧。

打掃，需要感性與理性兼具

打掃需要理性，對於掃除的時間、內容、技巧等有理智的規劃，做好計畫後開始執行。面對要清掃的環境或髒汙時也不要帶著情緒或偏見，覺得好髒、好煩。理性地面對所有物品，決定該丟還是該留，認清物品與自己、空間的狀態與關聯。

打掃需要感性，找出掃除與自己、生活，甚至自己與家人的連結。把掃除當作是關愛自己、照顧家人的一種方式，便能從中發掘出掃除的愉悅、自我實踐的成就感，以及生活中幸福的瞬間。

Part
2

清理汙垢，
煩惱也一起帶走了

丟掉蠻力掃除，用對的工具與方法，
讓打掃更加從容優雅，生活也明亮起來了！

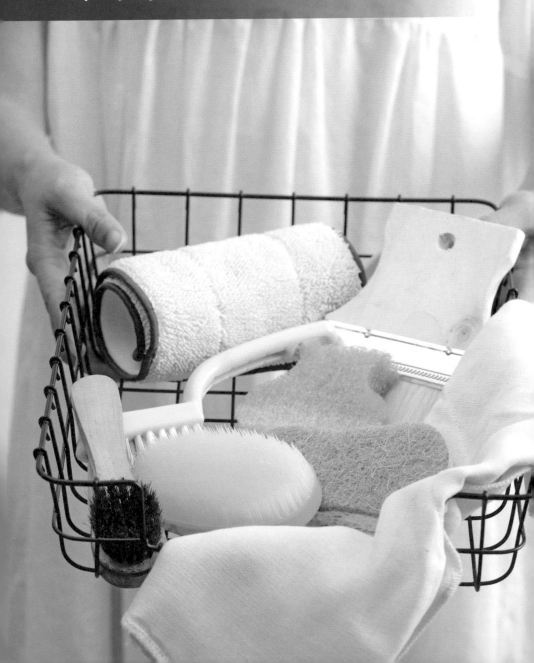

家事職人的掃除工具

手套

打掃時，請務必戴上手套，以保護手部肌膚。我習慣只戴一隻在慣用手上，通常會以長戴型與拋棄式手套交錯使用。一般打掃時，只會戴著拋棄式手套，遇到比較容易弄濕的情況，就會換上長戴型手套，像是刷馬桶或是刷門窗高處時。

打掃儀式的第一個動作，會以戴上手套開始，如欲休息，也會先脫下手套，讓手部肌膚透透氣，如果手套濕了就換上新的，讓手保持乾爽。所以如果打掃時間較長時，就會需要脫換幾次手套，千萬不要覺得麻煩而犧牲了讓手可以透透氣的機會。

如何選擇手套的款式？

手套依據不同的材質，有許多種類，像是手扒雞塑膠袋手套、洗衣手套、醫療手套、PVC 手套、丁晴手套、棉手套等等，這麼多琳瑯滿目的手套該如何選擇？

通常我會選擇戴上貼合、保有手指觸感、包覆到超過手腕的手套，打掃起來最為俐落。不過每個人流手汗的程度不同，對於舒適度的要求也不同，建議還是要實際使用後，再依個人需求來選擇手套款式。

如果覺得手套太貼不透氣、易出汗黏膩，可以戴內顆粒型的 PVC 手套，並勤更換。

檢驗用有粉手套，粉狀物質可以吸汗，穿脫方便。

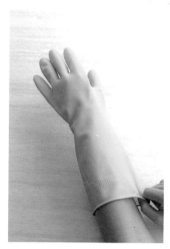

戴著洗衣手套，安心的用熱水沖洗。

我會選擇貼合、保有手指觸感、包覆超過手腕的手套。

手套戴不住怎麼辦？

　　如果皮膚很敏感的人，戴不住不透氣的防水手套，建議可以試試看棉手套，尺碼需貼合、包覆到前臂。並於每次休息後，都再換上乾淨的棉手套。

　　如果手套容易進水，通常是因為手套太短或是買到劣化易破洞的產品，或是打掃方式有問題。例如拿菜瓜布刷馬桶時，如果直接將手伸進去刷，當然手套容易進水。若先用水桶裝 5 公升水，迅速倒入馬桶，水位就會降低，再用有柄的

刷子刷洗深處，即可避免手套進水。

　　有人會把手套開口用橡皮筋綁緊，預防進水。這招雖然能有效防水，但我覺得勒痕會癢，太不舒服了，所以選擇有點彈性的丁晴手套，不僅最貼手，也不易進水。

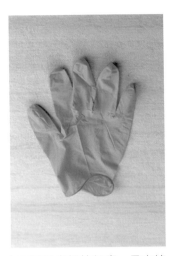

敏感肌的人，可以先戴一層棉手套、再套上尺碼大一點的防水手套，較為舒適。

丁晴手套標榜無毒，用來接觸食材或是碗盤也可以很放心。貼手、不易進水，方便好用。

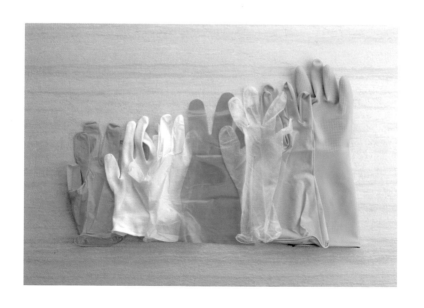

為什麼手套只需戴一隻手？

　　沒戴手套的非慣用手，以我來説是左手，確實會比右手容易刮傷，大概一年會發生 2〜3 次吧。

　　不過我衡量過得失，這是我願意冒的風險。不戴手套是為了保留觸感，用手分辨顏色不同處是附著的髒汙，還是因為表層破損所造成底色與表色的不同。

　　不戴手套也可以享受清潔後的質感，光滑的磁磚與玻璃，摸起來是不一樣的；桌面的木紋與地板的木紋，摸起來也是不一樣的。到底乾不乾淨，不是別人説了算，而是自己摸過後的好感受，就是乾淨。

　　即使是髒汙，也有用手觸摸研究的樂趣。像是瓦斯爐周遭的油滴，會隨著時間硬化，不同的食用油，產生的油煙黏性也不同，還有水槽排水孔的過濾杯會產生油滑褐藻、黑色果凍狀的真菌等等。

　　我們每天接收到大量的資訊，經過層層的再製，都是二手資訊，難得有第一手的經驗，親手摸到，那是自己與物質世界的連結，「觸」發自身的感受，而且完全沒有混雜了他人想法。帶著這樣的想法看待髒汙，打掃就也變得更加新奇有趣了。

護目鏡

　　清潔時除了雙手戴手套，也要戴著護目鏡保護自己。如果平常有戴眼鏡，也可以用來充當護目鏡。可以戴上眼鏡後再戴護目鏡，完全罩住鏡框。

　　如果想物盡其用地自製清潔劑，像是以醃梅子的苦鹹酸水刷浴室磁磚、以除濕盒的氫氧化鈣水溶液清除烤焦垢時，使用時要特別小心，戴上護目鏡、雙手戴上手套，做好保護措施。

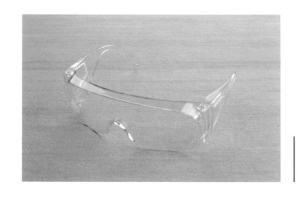

一般賣瓶瓶罐罐的店家，即可買到塑膠製的護目鏡。

口罩

選擇口罩時，舒適透氣為首要考量。如果是一般人進行居家清潔，基本上佩戴一般三層式防塵口罩即可。

不過對於家事服務師而言，因配戴時間長，所以我會選擇沒有金屬壓條、沒有彈性耳掛的款式，較為舒適。優點是不會因為久戴導致耳朵痛，不過缺點是較容易拉斷，需要輕柔使用。

一般醫療口罩如果鬆緊帶太緊，長時間戴下來容易感到不適，可以在左右兩邊鬆緊帶的耳掛處，再綁上一條鬆緊帶，這樣耳後背受力就會平均分攤在這第三條帶子經過的後腦勺，類似外科手術用的綁帶，更為舒適。

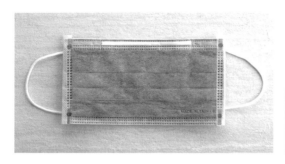

附壓條的三層式口罩，防潑水、防粉塵，緊壓壓條可以讓口罩更加貼合。

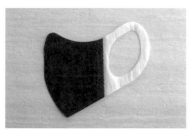 

我選用的是完全不織布材質，使用前是平面的，使用時再撕開，可保證接觸臉的內面是乾淨的。

可調整長度的綁帶，讓耳朵不緊勒。

在兩邊鬆緊帶的耳掛處，再綁上一條帶子，讓受力分散，戴起來較為舒適。

防塵帽

　　防塵帽又稱條帽。通常租借電動機車時，坐墊裡會附有防塵帽，戴上防塵帽再戴公用安全帽，安全衛生。

　　全新的防塵帽是一條類似白色鬆緊帶的形狀，兩手拉開後就會變成皺皺薄薄的帽子，類似旅館房間附的浴帽，但是材質不是塑膠袋，而是略防水的不織布。打掃時，雖然不是每次都需要戴上防塵帽，但是有備無患。

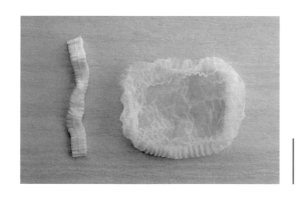

防塵帽使用前為白色長條狀，打開後就會像浴帽。

防塵帽的再生利用

　　使用過後的防塵帽，先不要急著丟掉，如果狀態良好，我會拿來套在小型垃圾桶中，作為垃圾袋，可以輕鬆纏住細小的灰塵、頭髮，使其不易飄散。

　　或是用來收納鞋子。當鞋子需要堆疊擺放時，套上防塵帽，既防塵又可以讓鞋款一目瞭然，比市面上一般黑色或白色等不透視的鞋袋好用多了。

耳塞

如果覺得抽油煙機、吸塵器等電器太吵，就戴上耳塞吧！除了保護聽力，也能讓自己不被聲音干擾。

當沉浸在打掃狀態，有時會到忘我境界，很容易被突發的聲音嚇到，即使只是手機訊息響鈴，都可能被嚇一跳。

我不鼓勵戴藍芽耳機邊聽音樂邊打掃，除了聽力容易受損、電磁波傷腦的疑慮外，音樂會牽動情緒讓人更難定心，注意力不容易集中在眼前的事。

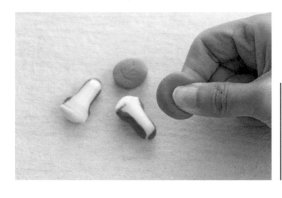

我覺得耳塞最好用的款式是可塑型矽膠，就像一小塊黏土，而且可水洗。不用塞進耳道裡，直接封住耳朵洞，隔音效果佳。

抹布

　　很多人可能會將不要的舊衣服或毛巾，作為抹布再次利用，不過仍需考量其吸水性、摩擦力等特性，如果擦拭後水痕明顯，或是擦起來不順手，還是挑一條好用的專用抹布，打掃起來會省事許多。

居家必備的好用抹布

　　抹布有許多不同的材質，我會依照不同的區域，選擇適合的抹布，大致分成下面五種。

1. 超細纖維清潔布

　　我在打掃時大部分使用的都是百分百化學纖維的超細纖維清潔布，優點是快乾不易發霉，但要小心不能用衣物柔軟精清洗，以免化學纖維被破壞融化，也不能碰到超過75℃的熱水，否則會硬化。如果將化纖抹布誤當隔熱手套，碰到熱鍋會熔化變成硬塊。

挑選超細纖維布時，需考慮尺寸大小、顏色深淺、觸感厚薄。通常我會選 20x20cm 的大小（對折再對折成十字後，會略比四指寬）較為順手好用。深色、有厚度的款式，更為耐髒、耐用。

　　市面上還有一種標榜長纖的超細纖維布，吸水力更好，不過相對的也較貴，可以看個人的需求做選擇囉！

超細纖維抹布分成不同的觸感薄厚，可依個人喜好選擇。

紗布的摩擦力強，也很快乾，但是沒有好的化纖布耐用，我是先當手帕用，舊了再當抹布用。

2. 無染色的棉纖抹布

　　廚房使用的抹布，大部分用來擦拭流理台、瓦斯爐檯面，有可能直接或間接接觸到食物，所以我會使用無染色的棉纖抹布，較為安心。

棉纖抹布除了擦拭用，還可以作為隔熱墊。

3. 長條化纖布

　　長條化纖布是種很奇妙的產品，外型上很像桑葚這類的聚合果，一條條被縫在布面上，大家又常稱它叫「毛毛蟲布」。可以當踏腳布，也可以當撢子、平板拖把布等等。

長條化纖布很適合用來清理大面積區域，尤其緊急時刻，將略濕的長條化纖布一口氣大略地打掃擦過，好用！

4. 刷布

刷布，專門用來刷洗碗盤，一面有硬硬的顆粒，一面則是軟軟的絨毛，不具吸水性。我通常只會用來清洗不規則表面的花盆、花瓶、公仔等等。如果是刷洗碗盤，我會選擇使用純植物纖維的菜瓜布或紗布，清洗鍋具則用鋼刷。

5. 平底拖把布

平底拖把布的纖維較硬，適合表面凹凸的木地板、地磚。裡層有一層吸水海綿，會讓拖把布濕潤度維持較久、較慢乾，濕拖時可以比同樣大小的超細纖維布拖到更大面積。

地板專用拖把布，也可以用來擦拭玻璃。　｜玻璃專用抹布，不能用來擦地板。

高效省力的拖地法

1. 準備握姿

慣用手抵在拖把上方，另一隻手握住拖把。

2. 以 S 形拖地

拖地時，要以身體倒退的方式進行，而非前進，以免拖好的乾淨處又被自己的腳印弄髒。以 S 形的方式拖地，才能將髒汙完全集中。

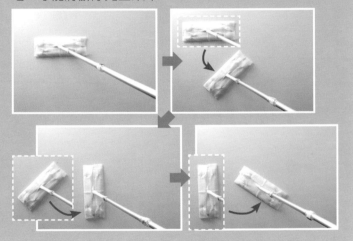

菜瓜布

傳統菜瓜布，是用天然絲瓜曬乾製成的，現在的菜瓜布則是各形各色，甚至標榜不同功能可以選擇。

居家必備的好用菜瓜布

我將菜瓜布依材質可略分成三大類：植物纖維、化學纖維、其他材質類。

1. 植物菜瓜布

　　會接觸到食物的碗盤餐具，我會選擇以植物菜瓜布清洗。這種植物菜瓜布不是傳統的曬乾絲瓜絡，而是形狀方正、材質略為粗硬、價格有點昂貴的植物纖維菜瓜布。

　　為什麼不使用傳統的絲瓜絡？因為它單獨使用時，用著用著纖維會逐漸斷裂，摩擦阻力小，又易發黴，還是將它包在肥皂裡，作為起泡效果較佳。

| 以植物菜瓜布清洗碗盤，較為安心。

2. 化學纖維菜瓜布

　　化學纖維的菜瓜布種類繁多，有單一材質，也有多層複合材質組合。

　　最常見的綠色菜瓜布，其實只適用來刷洗磁磚。不鏽鋼的水龍頭、玻璃、系統廚櫃面板、塑膠、合金，都會被刷出痕跡。所以我覺得最萬用的菜瓜布是柔軟的不織布菜瓜布。

一面海綿、一面菜瓜布，中間夾著吸水層，適合用來刷洗盆栽等器皿。

一面海綿、一面菜瓜布也很方便使用。

我不喜歡用內層是吸水海棉、外層是特多龍或是不織布的菜瓜布。因為內層不容易乾，往往等外層磨損後才看得出來內層已經變色，且不能剪成順手的大小。

若是要刷鍋底、刷馬桶，我會用單一材質、纖維密度大的菜瓜布，剪成剛剛好的大小。

魚尾尖端可以用來刷
隙縫處。

市面上也有特殊造型
的菜瓜布，像是魚
型，瘦長好握，魚眼
是中空的，可以方便
吊掛。

3. 其他材質的菜瓜布

其他材質的菜瓜布，最常見的是鋼絲球，但往往體積太
大球，容易越刷球型變得越扁平，建議要買小鋼絲球，比較
好刷洗。小心買錯成鋼絨球，這種材質遇濕就會生鏽，只能
一次性使用，而且即使是全新，儲放太久也可能會生鏽。

鋼絲球越用會越扁平，購
買時選擇小型尺寸，較好
刷洗。

市面上還有紅銅材質、金鋼砂材質，適合用來刷洗不怕刮傷的爐具、鍋底的焦炭，號稱不易發黴（這點較難驗證，因為化纖材質也很難發霉），但是缺點是碰到鹼性清潔劑易變色。

紅銅材質菜瓜布，號稱不易發黴。

可水洗砂紙因為被歸類在木工用品，所以在這裡出現有點另類感。其實在日式百元商店的清潔小物中，就有它的可愛化身。小小一片，包裝精緻、配色可愛，不過通常品名會叫做「XX 專用清潔海綿」，成分也不會是砂粒，而是研磨粒子。

可水洗砂紙比一般砂紙更耐磨，適合給對清潔劑特別忌諱的人，利用純手工打磨到亮，也挺療癒的。而且砂紙越磨顆粒越細，以前美術課做紙黏土娃娃，都用砂紙將娃娃臉磨到發亮。如果想把矽藻土腳踏墊磨到閃閃動人也是可以的。

如果不確定要選擇幾號的砂紙，可以先至日式商店買片可愛款的試用，再憑顆粒感找到合適的砂紙。通常我會用600 號的砂紙，摩擦力夠，也不會刮傷玻璃。

可水洗砂紙有不同的
粗粒大小。

不建議購買的菜瓜布種類

① **印花圖案的菜瓜布**：雖然好看，但只有一開始，使用
沒多久會刷糊了，失去美觀的功態。

② **帶柄的菜瓜布**：會將施力浪費在握緊，刷完也不好洗
淨菜瓜布，不如買片特別薄的不織布菜瓜布，一次性
使用。有些人用握柄是不想碰到髒汙，其實多半是心
理作用，不戴上合適的手套，一定還是會濺到髒水。

③ **布面海綿**：專刷浴缸的布面海綿都做得特別大、特別
厚，像是洗車海綿，似乎暗示了其實是壯丁專用，我
本身覺得不好握，所以不愛用。

④ **科技泡棉**：科技泡棉因為成分會漸漸溶解到水裡，碰
到熱水會溶出三聚氰胺，我現在已經不用來清潔了。
存貨只當成建築材料，用來吸音、填縫。

刷具

　　如果以同樣材質的菜瓜布和刷具進行濕刷評比，菜瓜布絕對比刷具更出色。不過有些高低不一或是彎彎繞繞的地方，還是要靠刷毛才能刷得到，所以刷具還是有其必要性。不管是濕刷汙垢，還是乾刷灰塵，選擇使用的刷具也是一門小學問。

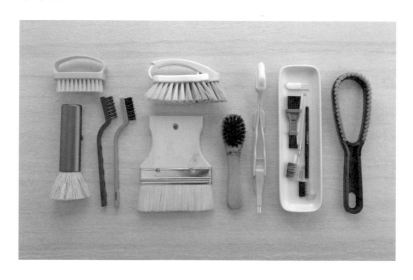

居家必備的好用刷具

如何選擇好用刷具？通常刷毛越長越難刷；刷面越大會讓刷力分散，也不容易刷乾淨；刷柄越短越省力，如果需要用到長杆，我會選能調節長短的伸縮桿。以下介紹我的必備清潔刷具。

1. 隙縫刷

刷具中，最實用的其實是小巧的隙縫刷，便宜又好用。刷毛前面凸出像是熨斗造型，刷面則是 V 型，粗的一端約 2 公分寬，細的一端約 0.5 公分寬。

尾端附有小刷子和小刮板尾端。小刷子可折入收起，小刮板則可以用來摳除小汙點。購於日系平價商店。

2. 掌手刷

市面上雖然有專門刷地板的長刷，但如果想要將地磚凹縫刷乾淨的話，還是使用掌手刷才能深入清潔。

選擇掌手刷時，刷面不宜太大，以非慣用手好出力為準。通常只有在刷邊邊角角，需要精準地刷洗時才會使用慣用手。

有些刷子可以拆解為二，還可充當隙縫刷。

大型的熨斗型刷子刷面約 8×15cm，小型的掌心刷 刷面只有 2×7cm。

3. 動物毛刷

要清理絨布面、地毯等怕脫線的材質時，我會使用舊動物刷毛輕輕乾刷，比較不會將布面刷舊。而且比起尼龍刷毛會越刷越脫毛，動物刷毛耐用許多。

至於要選擇何種動物毛？馬毛、鬃毛或是混合毛？其實要視個人的手勁選擇，我會建議先選擇毛硬、刷面小的款式。因為毛硬反而能控制力道、小心輕刷，而且刷毛會越刷越軟。大刷面的力道較難掌控，也容易疲累。

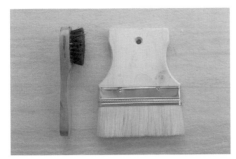

| 動物毛刷。

可刷去衣服
上棉絮的動
物毛刷。

4. 液晶螢幕刷

　　液晶螢幕刷是極細的人造纖維刷，有個塑膠外殼保護刷
毛，比起一般像啦啦隊彩球的超細纖維刷好用。不管是刷除
電器外殼的灰塵或是桌上不規則形狀的擺飾，都很好用！

| 可伸縮的液晶螢幕刷。

| 利用液晶螢幕刷刷去灰塵，
方便好用。

5. 小刷具

　　有些家電都會附上一些小刷具，與其和說明書放在一起
被遺忘，建議可以集中放在透明收納盒中，與一般清潔刷具
一起收納，遇到特別難刷到的隙縫時，多半能挑到好用的。

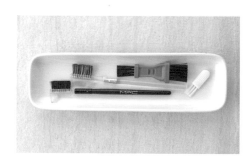

6. 金屬鋼刷

　　不怕刮傷的爐架雖可用金屬鋼刷，但我只有偶爾清清瓦斯出氣孔時，怕沾濕會點不著火，才會使用鋼刷進行乾刷。

7. 附柄菜瓜布海綿刷

　　很多人家裡一定會有的馬桶專用圓刷，卻不是我的必備刷具，為什麼？因為我若想把馬桶裡外整個刷乾淨，通常會戴上手套，抓著菜瓜布伸進馬桶裡刷洗彎曲面。平日則是會以附柄的菜瓜布海綿刷隨手清潔。

邊緣方正的菜瓜布海綿刷，較易刷洗到馬桶內緣出水處。

8. 鑽石鏡面刷

不用加入任何清潔劑，只要沾水擦拭，就能刷除鏡子或玻璃表面上的水漬髒汙。盡量選擇小尺寸的鏡面刷，使用時較好施力。

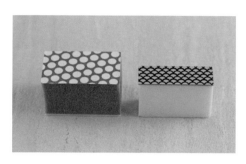

掌握姿勢，清潔不費力

不管你是使用何種刷具，請記住握住時，掌心抵住刷具，並保持手掌、手腕、手臂這三處呈一直線，這是最為省力又不易受傷的握法。

刮刀

　　市面上有叫「玻璃刮刀」的工具，但我覺得容易被這個名稱混淆，似乎意指刮除玻璃上殘膠的金屬刮刀，也有意指洗窗戶、刮乾水分的橡皮刮刀。所以我習慣稱金屬刮刀（負責刮黏掉表面髒汙）與橡皮刮刀（負責刮乾水分）。

1. 金屬刮刀

　　最專業的款式是全金屬，刀片可收起隨手放入口袋，原本主要用途是用來刮除壁面油漆，在一般的五金工具行都可以買得到。

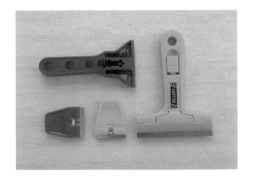

家用金屬刮刀則是塑膠柄，較大尺寸的款式是 T 型，刀片約 10cm 寬；最小的則是半橢圓型，刀片約 5cm 寬，一般在生活百貨賣場都買得到。若是需要長柄的金屬刮刀，則要去水族用品店購買，原本是用來刮除魚缸玻璃壁的藻類，所以各種刀片、刀柄長度都一應俱全。

小巧的塑膠刮板，比自己的手指甲更好刮除貼紙。

2. 橡皮刮刀

橡皮刮刀顧名思義就是像汽車雨刷，靠橡皮刮乾水分，所以橡皮要夠厚、夠平滑。橡皮的常見長度大約是 30cm。有的刮刀一體成型，但橡皮兩端特別薄，一刮就易翹起，一點也不好用。

刮刀柄頭有些具內螺紋設計，可再接上伸縮桿，方便擦拭大片玻璃窗。不過延長的刮刀自然比較不順手，如果可以靠爬高直接手拿抹布擦拭窗戶的話，比起多一截桿子更能施力，可以依個人需求選擇使用。

最好選擇塑膠製的刮刀柄，較為輕巧好握，如果是金屬製就顯得笨重，刷幾下就累了。

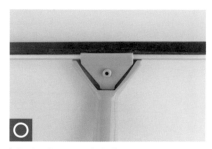

橡皮刮刀正確的安裝方式。

橡皮刮刀如果裝反，咬合力不佳，容易鬆動。

水漬不殘留，窗戶光亮清潔法

① 用很濕的抹布先擦拭一遍，抹布要夠濕，才能有類似洗玻璃的效果。

② 用刮刀將水分先大致刮除。

③ 將濕布擰乾，擦拭一遍。

④ 用乾抹布再擦拭一遍。

⑤ 手搆不到的部分，可利用乾布＋橡皮刮刀＋伸縮桿擦乾。

爬高凳

生活中如果要清潔擦拭高處、換燈泡等，我習慣使用腳凳，會比梯子輕巧好移動，爬上爬下也只需一步，俐落多了。只是若高度太高仍需要梯子的話，請選擇附扶手梯子較為安全。

水管

　　說到水管，普遍常見的就是橘黃色的塑膠水管，或是黑色的庭院水管，但它們都很笨重且占空間，我都不推薦。

　　伸縮水管不僅輕巧不占空間，還可搭配加壓噴嘴，讓水柱衝力變強，功能性更強。如果只是浴室洗手台的水龍頭要接一小段水管，其實可以買防撞泡棉管，不但輕巧，還能直接包覆住水龍頭隨裝隨用，非常方便。

伸縮水管輕巧不占空間，還可搭配加壓噴嘴。

防撞泡棉管有不同的直徑大小，還帶有彈性，可以輕鬆包住水龍頭。

除塵紙

　　除塵紙分成很多材質特性，我通常會使用的有兩種，一種是紙面觸感有點毛絨絨的，適合用在地板，可以將灰塵、毛髮輕鬆帶走，連小顆粒都能纏住；另一種則是表面較為平滑，可重覆水洗的材質，適合用來擦拭檯面灰塵，使用一陣子要丟棄前還能用來擦拭地板，將小小一張紙發揮到極致。

　　我基本上不會使用濕的除塵紙，因為大部分的味道都不大好聞。而有些雖然無味，並號稱含有去離子水或鹼性水，但清潔效果和我拿廚房紙巾沾熱水差不多。只會偶爾用含特定材質保養成分的濕紙巾，例如皮革保養濕巾，木材保養油濕巾。

水桶

對我而言，方形水桶比圓形水桶實用，而且更好收納，只是方形臉盆或水桶較難買到。各式臉盆有大小深淺的不同，但哪個尺寸比較好用？這真的不好說，最重要的是要能配合自己的使用習慣，不要勉強使用現有的。

水桶把手最好是兩邊有挖洞設計，另附金屬或塑膠外接的把手都不好用雙手握提，不如貼著身體用雙手捧或抱，更能保護自己的雙手，而不要勉強用力。

| 方形容器比圓形實用。

| 兩邊有挖洞設計的提把，較好施力。

電動工具

　　對我而言，即使不使用電動工具，也可以將家裡打掃乾淨，所以如果要花錢購買，就必需找出其「過人之處」。除了考慮價位，還有省時、省力、低噪音這三個面向。

　　機器使用時總會有些重量，其實往往只是省時，未必省力，再加上運作時的噪音、使用後需清理機器，很有可能用過幾次後會覺得不如不用。為了避免喜新厭舊造成家中空間不足，我在購買新家電前，會先把堪用但已鮮少使用的家電出清，將位置空出，別讓那些用不到卻也丟不掉的家電們，占滿家中。

1. 吸塵器

　　吸塵器必備的吸頭有三種：分別是地板用、床用、隙縫用。使用時慢慢移動吸頭，不用反覆來回吸。吸頭裡的刷毛若不是電動自轉的，拆掉比較好吸。吸頭邊的刷毛不要壓歪了，以免靠近吸孔，卡住灰塵。

吸塵時要留意姿勢。用雙手握著，以慣用手控制方向，另一隻手出力撐住，就不會吸到手痠。不管是站姿、跪坐、側躺，都不要遷就吸塵器而彎腰駝背，「留意腰部」就是最大重點。

如果不怕吵，有線的手持式吸塵器其實很好用，使用時加延長線，一個空間裡只要換插一次插座。吸塵時的順序；最先吸床、再來吸地板，最後吸角落、踢腳板，就不用頻換吸頭。

如果要吸地毯，最好還是使用大一點的有線吸塵器。目前的無線吸塵器，如果是能在最強吸力模式連續使用 30 分鐘的型號，即使用雙手拿著還是顯得吃力，易傷到手腕。不怕地板濕能直接吸水的型號都特別重，最好能放在無需上下搬動、無台階的工具間，收納時較為便利。

窗溝裡的小細砂、落葉碎片、蟲屍，用吸塵器接隙縫吸頭吸一遍，角落累積的泥垢，用一字起子包著布刮鬆再吸，比起全靠濕布一遍遍地擦，更加省時有效率。吸過的窗溝再用濕布擦一遍應該就更乾淨了。

2. 吸塵蟎機

吸塵蟎機算是床舖專用吸塵器，多了震動、熱風、光照的功能。如果不方便每個月換洗床單，或是家中寵物會窩到

床上，使用吸塵蟎機清潔絕對是個省時的替代方式。換句話說，吸塵蟎機如果每個月用不到一次，不如買滾筒黏毛器（紙黏或水洗式都好），時不時滾一滾床單即可。

為何要每月換洗一次床單？因為塵蟎從孵化到產卵大約需 30 天。人其實是對塵蟎的排泄物過敏，所以假設剛換好床單後，就飄來一批正要孵化的卵，也要 30 天後才會增生，所以最安全能避免塵蟎增生的換洗最長間隔，約是一個月。如果沒有過敏疑慮，半年換一次也無妨。如果覺得衣服不能一星期都沒洗，床單也應每星期都洗，自然是更乾淨。

3. 蒸氣機

蒸氣機的外觀有點像吸塵器，還可換用各種刷頭。不過它的主機需裝水，開機後等約 5 分鐘加熱到可噴出蒸氣時，即可使用。

蒸氣機的功能與其說是打掃用，不如說是高溫消毒用，更為貼切。因為通常是為了怕感染體弱的病人，打掃同時消毒。對於一般家庭來說，蒸氣機可能不是這麼必要，不過在有些情況下，是需要靠蒸氣機才有辦法清潔乾淨。像是淋浴間的仿石材磚地板，容易累積白白皂垢，一般來說很難刷除乾淨，不過先塗上皂垢專用清潔劑，再用蒸氣機接小刷頭，邊噴氣邊刷，就會乾淨許多。

有些鏤空或浮雕設計的木椅、窗花等等，不方便用水直接沖洗，只能仔細濕擦，此時若藉助蒸氣機的蒸氣衝力加以清潔，不但可以保持微濕狀態，後續還能讓其自然乾燥。

4. 掃地機器人

掃地機器人是近年來的發明，而且逐漸普及化。不同於其他家電，掃地機器人完全不需要靠人操作（前提是它不會卡在某處、等待你去救援）。家裡如果有養寵物的人，每次清理集塵盒時，應該都對滿滿的毛髮相當有感。

掃地機器人最為人垢病之處往往是容易卡住、聲音太吵這兩點吧！若要減少掃地機器人動不動卡住的問題，家裡東西盡量不落地，門檻做成無障礙空間的斜坡。有些型號的掃地機器人雖然可以跨過門檻，但有可能進得去出不來。

有些掃地機器人不只能掃地，還可以拖地，不過我覺得一塊布擦全部地板，濕布都擦成乾布，不太可能擦起掃不起來的灰塵，應該比只掃地再更乾淨一些些吧！

家事職人不用的清掃工具

① 圍裙

　　我工作時會穿上圍裙，材質略微防水，有四個大口袋，左右邊各兩層。在客戶家打掃時，用具都隨身放著，左邊放乾布，右邊放濕布。用過備洗的布放外層，內層放還沒用過的乾淨布。但掃自己家還穿圍裙好像在加班，而且是責任制，沒加班費。

　　所以打掃自家時，我只穿舒服透氣的衣褲，最好是短褲短袖，最長也不過是七分袖、七分褲，才不用時不時挽袖挽褲。還沒打掃到流汗前，若怕冷，脖子可套上多功能領巾，不僅可以當作面罩，也可以當髮圈。

② 好神拖

　　自從外子因工作關係，使用過好神拖後，他如獲至寶，不僅可以用腳脫水，拖把還能自行站立。不過我覺得好神拖可能只適合用於營業場所，微濕的拖把棉布條拖過即乾。後來還有演變成平板拖的款式，可解決無法S型拖法、不易集中小碎屑的問題。

　　不過好神拖專用的脫水桶比較重，免擰拖把布卻要倒水，拖把也比除塵紙拖把重，我不覺得有省到力，所以除非你家裡有壯丁可以負責倒水，不然還是要考慮一下吧。

③ 科技泡棉

　　科技泡棉原本是隔音材料，浸溼後可以像橡皮擦一樣擦亮不鏽鋼，或是電燈開關周圍的水泥牆面上的黑油

汙，就連白色塑膠椅也可擦到跟新的一樣。

　　使用時，記得別碰到熱水、別用來擦拭蔬果表面，因為它遇熱後會釋出三聚氰胺。使用說明上也有警告標語「只能用於一般清潔用，不能洗食器」。所以為了自己心安，我還是選擇用沒那麼神奇的菜瓜布與肥皂。

④ 固體研磨清潔塊

　　所有像橡皮擦一樣的清潔用品，都有個通病：當越用越小時，因為很難拿，就越來越不好用，很難決定何時該丟掉。

像橡皮擦一樣會越用越小的固體研磨清潔塊，當尺寸變小就會很難使用。

　　我後來決定不要用這種固體研磨清潔塊，改用膏狀含研磨顆粒的「磨砂膏」。也可以去買可水洗的砂紙，一般我買的最粗型號是 400，專門刷除頑垢。號碼越大，表示砂紙的顆粒越細，可以用來拋光原木、也可乾擦。例如檜木製的浴桶、擺件等等，為了檜木香刻意不上漆，香味淡了就磨一磨。珪藻土吸水腳踏板、矽酸鈣板的牆面，顏色不勻時也磨一磨。

研磨顆粒的「磨砂膏」，就不會有研磨清潔塊變小的困擾。

⑤ 玻璃清潔劑

　　雖然說，在一盆水中噴一些玻璃清潔劑，再用這盆水去擦窗戶，灰塵比較不會吸附在窗戶玻璃上，但如果

你幾個月才洗窗戶一次，一瓶 350ml 的玻璃清潔劑可能用十年也用不完吧，所以這是我不用玻璃專用清潔劑的原因。

倒不如滴一滴沐浴精、洗髮精、洗碗精等易溶於水的清潔劑在一盆水裡，就可以用來清潔灰塵了，至於難清的油汙、水垢，則再另外刷洗。

如果每個月都會擦窗戶，就用清水擦拭即可。如果發現水滴自然風乾後會留下一圈印痕，就簡單的過濾一下水質吧！或是把浴室蓮蓬頭換成附過濾材質功能，皂垢也會形成得少些。

⑥ 迷你手持吸塵器

很輕巧的充電式小家電，專吸那悄悄地降臨在手伸不進去的死角，卻看得一清二楚的毛絨絨灰塵。有人拿來吸鍵盤、吸椅墊縫，吸過後確實看起來乾淨多了。換句話說，還是要想辦法擦到才會乾淨，這麼說來，藥局賣的長長短短、大大小小的棉花棒也好，或是竹籤串棉花，也都可以拿來取代這迷你小家電。

如果想清鍵盤按鍵，不如整個拆下擦拭會更乾淨。對我來說，這似乎是個大人的玩具，最終還是會忘記先充電，被遺忘、塵封角落。

⑦ 雞毛撢子

真正的雞毛撢子，擁有羽毛絲絨的觸感、不沾水的特性，還有可深入隙縫的絕佳彈性，比起合成纖維製品，價高故難尋，我雖有隻迷你可愛的小雞毛撢子，只可以當情趣玩具，哪捨得沾灰。

水＋皂 就可以
清潔大部分的汙垢？

　　市面上的清潔劑可分為兩大類，一種是以區域分類的清潔劑，像是廚房專用、浴室專用等；另一種則是以材質或針對汙垢分類，像是除霉專用、磁磚專用等清潔劑。

　　上述的分類法，對於消費者而言是清楚又無須思考的便利方式。不過如果仔細看它們的成分，說穿了不外乎可分成鹼性、酸性、中性這三大類。

　　自然界中的清潔劑很少是中性的，大多是偏酸或偏鹼，中性的清潔劑通常是用化學原料合成的。像是肥皂屬於弱鹼性，而溫和的酵素清潔劑也是偏鹼性。

Water & Soap

仔細看清潔劑的成分，不外乎是次氯酸鈉、氫氧化鈉、檸檬酸鈉、酵素等成分。

熱水萬能，清潔效果比冷水好

純水是中性的，不會起酸鹼反應，雖然可以帶走一般的灰塵髒汙，不過如果以冷水擦拭鏡子、玻璃、水龍頭等物品時，物件就會失去光澤。建議若要進行濕擦時，全程使用熱水，不僅清潔效果比冷水好，又因為水分蒸發快，可以不用再乾擦一次。

清潔用的水，只需要簡單進行過濾即可，用意在減少水垢生成，像是利用蓮蓬頭、水龍頭上簡易的過濾裝置即足夠。市面上有販售標榜清潔用的去離子水、鹼性電解水等，說穿了它們的清潔效果相當於40℃熱水。如果戴上厚清潔手套，以45℃熱的濕抹布進行擦拭，清潔效果就更好了。

熱水、抹布、肥皂（清潔劑），就足以
清除大部分的汙垢了。

生活用水為什麼不能反覆加熱呢？

　　大家有想過一個問題嗎，為什麼煮開水時要用冷水
煮到滾，而不是直接從水龍頭接熱水再煮滾呢？而且煮
過的開水變溫涼後，也「傳說」最好不要重複加熱成滾
水來泡茶、煮泡麵？

　　生活用水，重複加熱成滾水，就會累加各種離子濃
度，即使不至於重金屬濃度超標，水質也會偏硬，比較
難喝。

　　熱水器瞬間加熱自來水，靠的是超高溫金屬加熱冷
水，水的重金屬濃度會升高，就像鑄鐵鍋炒菜，會增加
菜湯鐵離子濃度。所以煮水的不鏽鋼壺要符合國家檢驗
標準，否則以不符合食品級標準的不鏽鋼容器，也許會
溶出太多金屬離子，對於健康有所危害。

傳統肥皂最好用

　　肥皂洗手就可以洗掉細菌，所有的肥皂都是抗菌皂，光是這點，就足以從各式清潔品中脫穎而出。而且肥皂不論是弱酸或弱鹼，都不至於使任何材質或塗料變色，成為我日常清潔打掃時的得力助手。

　　像是廚房水槽的金屬濾網，常有食物殘渣卡在網眼縫隙中，這時只要拿著肥皂塊刮濾網凸面，讓肥皂屑卡在網眼上，不用費力氣刷，輕輕從凸面沖水，殘渣就會跟著水被沖走，一乾二淨。

　　同樣的道理，冷氣濾網、除濕機濾網、浴室抽風扇濾網等等，也是用同樣的方式，從較乾淨的內面塗上肥皂、皂屑卡住網眼，再用水一沖，沖走肥皂的同時，灰塵也一起被帶走了。

　　我曾經試著製作肥皂水。將肥皂塊切成小塊後，再加水煮溶解，結果置涼時，外子以為是高湯，咕嚕嚕地喝了一大口，被家人誤喝的風險性實在太高，所以後來我改用無香精的肥皂絲，加入熱水沖泡稍微溶解。洗鍋碗瓢盆時，先用水將碗盤內的殘渣沖

無論是手工皂或是工廠大批生產的肥皂，都是我日常清潔打掃時的得力助手。

洗掉，再泡在熱肥皂水裡，等水涼些再手洗，不僅省力，也比洗碗機省時呢！

家事職人的小叮嚀

抽油煙機平面型的鋁濾網共三層，會將油卡在網裡，抽油煙機內部雖然也有一個集油杯，但幾乎都是乾淨的。這個濾網需要泡肥皂熱水，中間那一層才洗得到。

使用肥皂容易傷害肌膚？

不知道大家有沒有發現，無香精的皂絲反而比有香精的皂絲貴，這是為什麼呢？

類似的問題很常見，就好比無染的棉巾，比漂白後的白抹布好且貴許多；糙米比白米好且貴許多。所以我想只有肥皂味的皂絲，還是比加了水與精油的液體皂好吧。

清潔專用皂是鹼性的，特別去油，直接使用時皮膚油脂也容易被帶走，而感到肌膚乾澀，所以使用時最好還是戴上手套。而洗面皂是中性偏酸，較為貼近皮膚酸鹼值，所以清潔力弱些，不會把肌膚上的油脂完全帶走。

偏酸的肥皂清潔力較弱，也較不傷手，可直接使用，如果使用偏鹼的清潔皂則需戴上手套。

好用的特殊清潔品

皮革保養油

說到皮革保養油，跟我一樣是六年級的朋友，應該最有印象的廣告就是碧麗珠噴劑了，它還可以拿來保養木質表面傢俱。

皮革沙發要如何保養呢？若是問修理皮包的老師傅，他們的答案是鼓勵大家要常用，或是用手擦掉灰塵，同時也上油了。皮椅也是同樣的道理，要放在人愛待的地方，常坐並且不要受到太陽直曬，保持約 70% 的濕度，偶爾再拿細纖維乾布上點油就好。

生物酵素

生物酵素的好處就是在一般室溫即可發揮作用，且環保無毒，加水稀釋後，就變成萬用清潔劑，對於難纏的皂垢尤其好用。

市售清潔劑裡都含有酵素，酵素的成本其實不貴，但貴的是配方。依配方不同分成廚房用、浴室用、洗衣用、水管用、馬桶用、皂垢專用等等，有些還加了活菌，就可以和生成黃垢的藻類真菌複合體競爭地盤，減緩刷乾淨後黃垢新生成的速度。

除霉劑

　　除霉劑裡所含的主要成分是漂白劑，是易揮發的清潔劑，也容易刺激眼睛、鼻腔等黏膜，所以建議選擇凝膠狀除黴劑最佳，可以長時間深入黴根，聞起來也較不刺鼻。

　　氧系漂白劑雖然號稱也可除霉，但對矽膠封條發黴則是起不了效果，所以還是要用矽膠專用除黴劑，才有可能部分去除矽膠封條的黴斑。

　　矽膠要完全沒有黴斑，還是預防重於治療（清潔）。可是像淋浴間玻璃這種幾乎時時刻刻都處於潮濕的環境，很難做到完全除黴。

鹼性、酸性、中性
清潔劑，怎麼用才對？

很多人會問我，市面上琳瑯滿目的清潔品中，哪一些比較好用？我覺得這似乎沒有標準答案，也很難提供單一的解答。我更希望大家能認識這些清潔劑的種類後，針對要除垢的需求，自己做選擇。

Dotergent

鹼性清潔劑

常見的鹼性清潔品，依鹼性強度，從弱到強排序為：

1. 小蘇打（碳酸氫鈉／烘焙鹼）

是接近中性的弱鹼，可以當食品加工原料。

一般的廚房，只要使用鹼性最弱的小蘇打，加上長時間浸泡，再油的油網都能清潔乾淨。但是如果是燒烤餐廳的超厚油垢，就要靠鹼性較強的氫氧化鈉，才能快速有效清潔不鏽鋼烤網、烤盤、烤夾了。

2. 蘇打（碳酸鈉／純鹼）

比小蘇打的鹼度更強一些，是製皂原料。

3. 氧系漂白劑（過碳酸鈉／固體雙氧水）

鹼性強度比蘇打再高一些，為去漬主要成分。

將杯子浸泡在過碳酸鈉溶液，即可輕鬆去除茶垢。同理，變色的砧板是因為有刀痕形成，所以蛋白質殘渣卡在縫隙中，此時不能以高溫刷洗，以免蛋白質變性更洗不掉，可將砧板浸泡在過碳酸鈉溶液中，既可清潔漂白，又安全無毒。

過碳酸鈉，只要一溶於水就反應成碳酸鈉鹼性水溶液與活性氧，所以除了不鏽鋼、磁器、玻璃，不怕氧化變色，其他材質都需小心，避免浸泡過久而被漂白，失去光澤或顏色不均。不過我曾經試驗過，短時間泡個十分鐘再清洗乾淨，其實不至於會造成色差，也不失為一個省力的洗法。

4. 苛性蘇打（氫氧化鈉／片鹼）

強鹼，手工皂製造原料。

油脂只要加鹼就會發熱皂化，變得易溶於水。從這個原理我們知道，鹼性越強，皂化反應速度就會越快，所以將鹼用於抽油煙機裡，陳年積油就會很容易被清除。

為了安全且方便使用，這些鹼性原料使用時都會加水稀釋。尤其氫氧化鈉大多是直接購買水溶液使用，很少是買顆粒固體。

顆粒狀的氫氧化鈉，使用時要特別小心，如欲自行加水溶解，一定要戴上手套操作。

酸性清潔劑

酸性清潔劑，主要用於清除鹼性的水垢。以前很常用鹽酸溶液（HCL），但後來擔心與含氯的清潔劑（漂白水、除

霉劑）混用會產生有毒氯氣，所以現在大部分的家庭應該都鮮少購買鹽酸清潔了。

其實仔細看許多浴室清潔劑的成分標示，有可能還是會發現鹽酸的蹤跡，不過也無須過於擔心，因為家用產品即使不小心混用，會產生有毒氯氣的毒氣也不會太強。只要記住，酸類與氯類產品，絕對不能混用。

鹽酸 ＋ 漂白水 ➡ 有毒氯氣

檸檬酸

食用級的檸檬酸，可以用來洗咖啡機、飲水機內部、水管水槽的水垢。不過重點在於需將檸檬酸加入水中並沸騰，才能有效使水垢溶解。

如果想靠室溫下、不到50℃的檸檬酸溶液，來達到預防水垢形成，可想而知效果是有限的。如果想要預防水垢，我覺得目前用過最好用的

將檸檬酸加入熱水溶解，去除水垢，可讓水龍頭變得光亮無比。

水垢清潔劑是凝膠狀的植物酸，可以在室溫環境下長期作用，而且無毒無味。

中性洗潔劑

沙拉脫是最便宜好用的清潔劑。拖地時，在一桶水中加入一滴沙拉脫，將拖把布浸泡後盡量擰乾再拖地，即可讓地板保持光亮。石材地板也適用，具有清潔效果，又不會擔心清潔劑破壞石材表面的光亮。

在一桶水中加入一滴沙拉脫拖地，清潔同時還可讓地板保持光亮。

家事職人的小叮嚀

我個人不建議使用地板專用清潔劑，因為市面上的產品全部都太香了。一桶水加入一滴沙拉脫即可用來拖石材地板，若怕影響寵物健康，就改滴生物酵素或純天然橘油。

家中常見的
8 大髒汙處理法

一般家中髒汙大致可以分成「看得見」與「看不見」這兩種型態。像是油垢、水垢、皂垢等等，都是肉眼可見，可以快速找到具體方式處理；至於看不見的髒汙，指的是像尿垢、垃圾所散發出來的臭味，通常需要找出異味來源，才有辦法對症處理。

Cleaning Methods

明顯髒汙的清潔法

1. 油垢

　　油垢大多出現在廚房，可分成兩種，一種是新形成的，看起來不明顯，甚至毫無痕跡，但用手一摸會覺得黏黏的；一種則是累積很久的油垢，看得出厚厚黃黃的一層。

　　處理淺薄的油垢較為容易，將清潔劑噴在抹布上並直接擦拭，通常即可將油垢帶走。如果是已經乾掉的厚油垢，需要先噴上清潔劑，靜置一段時間後再擦拭。若果是超厚的油垢，就用金屬刮刀推除，再噴上清潔劑靜置並擦拭。

　　處理流理臺等硬表面的油垢時，依上述方式清除即可，清洗上也較容易。若是在紗窗等軟表面上的油垢，就需要先擦拭，再浸泡、刷洗。

牆面：水泥縫、磁磚都可用金屬刮刀刮除油滴。

瓦斯爐面、料理臺面的隙縫裡：容易積累深層油垢，用隙縫刷先刷上清潔劑，待深層油垢皂化溶解再擦拭。隙縫處不能用金屬刮刀，容易刮出刮痕，可以用細縫刷尾部附的塑膠刮板，或是另用材質更硬的塑膠刮板。

2. 皂垢與水垢

皂垢通常出現在淋浴間、洗手台、浴室鏡子上等處，有專用的清潔劑可供使用。

有時殘留的會是水垢，可以用手摸摸看，積累的水垢摸起來若有一層突起，此時也可使用金屬刮刀先大致刮除，再用水垢清潔劑清除。

百元商店也有販售小塊的鏡子除垢專用刷，這種海綿刷越小越好施力，也可以將海綿自行裁切成順手的大小使用。

鏡子：利用小巧的鑽石鏡面刷，可輕鬆清除鏡子上的水垢。

洗手台：這裡的皂垢不易察覺，可以用手摸摸看，如果表面粗粗的，即表示皂垢過厚。

淋浴間：大片玻璃門很容易布滿皂垢，洗澡後立即將水分擦拭乾淨，可降低皂垢生成。

水龍頭周圍檯面：可能因潮濕生成水垢。

地板：水垢易在積水蒸發緩慢、排水不良的地板生成。水管與牆壁相接處若滲水，也會產生水垢。

3. 黴菌

黴菌會出現在潮濕的空間當中，例如浴室的磁磚縫隙、淋浴間等處。如果是矽利康發霉，唯有使用矽利康專用的除霉劑，能有一定成效。處理磁磚縫隙的黴菌時，也可使用漂白水，或凝膠型的黴菌清潔劑。

其餘處理方式有重漆、填滿縫隙等直接阻止黴菌生長的方式。若浴室洗手台等材質使用石材製成，也容易在石頭表面的孔隙出現黴菌，此時可以請專人來家中直接將石頭表面打磨除黴。

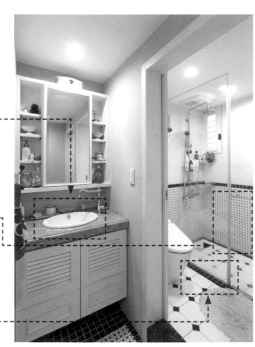

洗手台邊緣的黏接處：通常會利用矽利康材質黏合櫃子與牆壁，常處於潮濕狀態，容易發霉。

磁磚縫隙：可使用漂白水，或凝膠型的黴菌清潔劑。

門邊縫隙膠條：每天洗完澡順手將水分擦除，才是根治霉菌之道。

4. 灰塵

　　灰塵的處理方式是先吸再擦。先用吸塵器吸一次後，用濕抹布或拖把濕擦，最後用橡皮刮刀將水分刮乾，會比再用乾抹布擦一次來得省力、乾淨。

　　書架、百葉窗片等處的灰塵可先用撢子順著撢下來，只要固定保持清理，就不會費太多力氣。如果百葉窗設置在潮濕的浴室內，灰塵容易黏膩、堆積，就用撢乾的濕布擦拭。

書架：用雞毛撢子由上而下將灰塵撢下來。

百葉窗：如果灰塵堆積太厚，可以用擰乾的濕布擦拭。

5. 殘膠

用舊的超細纖維布或舊的不織布菜瓜布來回擦過，讓殘膠黏住人造纖維後失去黏性，再刮起來黏在布上。當然也可使用市售的檸檬萃取除膠劑，或者用油溶解殘膠後，再擦拭乾淨。沾黏上殘膠的舊布就不再費力清洗，可直接丟棄。

依髒汙特性，選擇乾除或濕擦

清除看得見的髒汙，有乾除跟濕除兩種方式。可以乾除的髒汙大抵是灰塵一類，拿吸塵器等用具清掃起來即可；至於久未清理、層層堆積的髒汙就必須濕除，用清潔劑敷上、靜置一段時間後，待髒汙分解再擦拭、清洗。

通常清潔劑上會標明適用的材質，如果不確定的話，可以在不明顯的角落先試用看看。一般來説，我推薦使用萬用的酵素清潔劑，市售的大部分是液體溶劑，可以稀釋使用。主要對象還是分解汙垢，可以分解蛋白質、油脂等髒汙。使用時可以厚厚塗一層之後放著等待分解，隔天早上起來再擦掉就好。也因成分溫和無毒，就算放過夜也不會有像使用強力的化學清潔劑後，造成外觀掉色、失去光澤等風險。

看不到的髒汙——臭味

要清理臭味，就得先找出臭味來源。通常我們怕臭、怕髒，要克服心理障礙，就要先進行準備。可以戴上口罩、手套等防護再進行處理。

1. 寵物氣味

家中若有養寵物，常見的臭味來源就是寵物的氣味，例如屋內的貓砂、尿墊、寵物落毛、藏食等氣味。去除貓砂、尿墊等排泄物氣味的最好方法就是時常清理，不要久放。

養貓的人要注意，即使貓砂沒有生出臭味，有的貓也會因為愛乾淨，不在已經使用過的貓砂排泄。若沒有每天清理貓砂，便會在屋內別處排泄，或者憋尿造成健康問題，不可輕忽。

如果狗貓等寵物在浴室排泄，直接用水沖刷反而會破壞排泄物結構，造成臭味四溢。可以先把排泄物撿起來直接丟馬桶沖掉，再沖洗環境。

另外寵物落毛也容易產生氣味，如果對氣味敏感的人，常常清掃之外也可使用空

家中如有寵物，常見的臭味來源是屋內的貓砂、尿墊、寵物落毛、藏食等。

氣清淨機或者可以分解臭味因子的噴劑，但最好不要使用帶化學香味的消臭劑，與臭味混在一起會更難聞。

2. 尿垢、尿味

廚房排水管跟馬桶都有讓水淹過一定高度，可以阻擋臭味，比較容易產生尿垢、尿味的反而是小便斗。小便斗不像馬桶全塗釉面，也沒有用水淹過釉面，沒有塗釉的部分若無勤刷就容易堆積尿垢，產生臭味。

若小便斗的構造是固定、無法拆下來刷，可以解決臭味的方式就是常沖水，以及使用凝膠狀的水垢清潔劑。

馬桶底座連接地面的部分也因不易清洗、容易忽略，不像馬桶內部經常洗刷，馬桶外若滴有尿液沒有刷除，就容易產生臭味。

馬桶底座／地板：若滴有尿液沒有刷除，就容易產生臭味。

3. 垃圾、廚餘

　　廚餘容易生臭，如果沒有要當天丟掉，最好用塑膠袋綁起來放冷凍庫避免發臭。另外，現在人家中的垃圾桶許多都有加蓋，加蓋會促成無氧環境，有利厭氧菌繁殖，兼具有氧與無氧呼吸的細菌也會偏向無氧呼吸，代謝生成物發臭，因此比無加蓋的垃圾桶更容易發臭。

　　如果不能每天倒垃圾，最好還是確實分類，不要把廚餘丟在垃圾桶就放著發臭。尤其在台灣這種溫度、濕度高的環境，垃圾廚餘更容易發臭。

以抹布
打掃擦拭的重點

　　打掃時，擦到障礙物就是個小考驗，因為很容易分心。什麼是障礙物呢？就是會想要移開、好擦拭它底下檯面的東西，例如信件、皮包、花瓶等等。

　　你在搬動花瓶時可能會同時出現很多想法，這個花瓶放著只會積灰塵，是否要拿去資源回收，還是要捐給二手商店？很多時候是因為注意力不斷從打掃飄散到其他事物，又集中回到打掃、又飄散，把自己想累了，卻誤以為是打掃擦累了。

　　所以如果你實在不習慣擦桌子時，就真的只是擦桌子，那就先將桌上的物品集中排列整齊後，再專心擦桌面。一旦發現濕布都擦成乾布了就休息。

Dishcloth

餐桌擦拭法

以下，就以我對餐桌最乾淨的擦法為例：

1. 先準備多條的純棉無染紗巾，它的質地就像消毒傷口用的滅菌紗布塊，但因為沒漂白染色，所以是淡土黃色。

2. 先用乾布將食物碎屑集中，初步吸乾濺出的湯汁。

3. 用熱水浸泡抹布，熱水溫度越燙越好，再進行濕擦。

4. 最後再以乾抹布乾擦一次。

最關鍵的是，不僅用餐完要擦乾淨，用餐前也要擦乾淨。道理就跟飯前洗手一樣：重要，卻因為太簡單而被忽略，做得不確實。

家事職人的小叮嚀

一塊布不能反覆在同一個區塊來回擦，以免汙染原本乾淨的部分，要以 S 型迂迴法擦拭，擦到一半先不洗抹布，而是勤換新抹布接力繼續擦。

家事職人的抹布擦拭法

方法一：將抹布折成手掌大小

　　將 30 公分正方形大小的抹布，十字對折後變成邊長 15 公分的正方形，正反兩面總共分成 8 小面，擦髒 1 小面後，反摺包覆擦起小碎屑，換另一小面擦。所以 1 條抹布可擦 4 小面。如果我發現 1 條抹布沒擦滿 4 小面，即表示我分心了，會再把注意力抓回當下要做的事。

方法二：將抹布折成手指大小

　　熟練後可再把抹布多折一次，變成 15×7 公分的長方形，可分成 16 個特小面，更接近 4 根手指寬度，擦起來會更順手。但是為了包覆擦起的小碎屑，一條抹布仍然只可擦 4 小面。

方法三：將灰塵掃至地面

　　如果擦完檯面後會擦地，從上而下，快速地將檯面灰塵直接「掃掉」，等擦地時一併清除。

方法四：包覆灰塵

　　如果想直接打包灰塵，先從邊緣難擦的角落單一方向擦拭，大片的平面再以 S 型擦拭，轉彎處手轉動抹布，使同一抹布前緣接觸即將擦到的檯面，灰塵被抹布推著走，不會落下。

寵物家庭
如何消除異味？

　　我曾遇到客戶要求我拖地時，在清水裡加入他自購的草莓口味地板清潔劑。因為客戶覺得養了兩隻貓、一隻狗，空間總是有點臭臭的。當時我受雇於清潔公司，每週被派往客戶家打掃，所以我依照公司的指導，客戶說什麼都回答「好」，如果有任何問題都是由客戶打電話給公司，由客服經理負責與客戶溝通。

從環境改善，才能徹底消除異味

拖地加點清潔劑也沒什麼困難的，直接照做就是。不過內心隱隱覺得不對，現在的我是自由接案，可以直接與客戶對等溝通。所以若是我再遇到當初的客戶，會建議他從環境改善，消除臭味來源。

像是將一般貓砂換成有砂粒狀或長米狀的原味豆腐砂。絨布椅面要常吸，而且無線吸塵器的吸力不夠強，需要反覆吸，較花時間，如果改成同品牌的有線吸塵器吸力更強，效果好又省時。

如果要百分百吸起動物毛，水濾型的「貴重」吸塵器可以做得到。拖地板的清水加入一滴橘油，除了可以清香驅蟲，也會把高分子分解成小分子，達到除臭效果，也絕對不刺激小狗的皮膚、腳掌。

貓咪會喝我小臉盆裡準備洗抹布的新鮮自來水，卻不喝瓶裝的進口礦泉水，牠們的嗅覺比人類更靈敏，貓不喝的水，人是不是也不要喝呢？

十大錯誤打掃
思維與習慣

　　很多人喜歡發揮廢物利用的精神，把舊毛巾當作是抹布、把舊牙刷當作是隙縫刷，但是打掃起來真的好用嗎？還是更費力又刷不乾淨呢？以下列舉了十個一般人常有的思維或習慣，也許沒有絕對的對與錯，但是希望可以提供不同的思考與解決方式給大家參考，改變想法或作法，打掃起來可能更加愉悅省事！

Fiction of Cleaning

一、別把衛生紙當抹布使用

很多人習慣衛生紙順手一抽,隨手四處擦拭。或許是相信衛生紙比抹布乾淨,刻意把衛生紙當抹布使用,即使費時費力、消耗許多衛生紙,也想要達成內心「乾淨」的定義。

可是軟綿綿的衛生紙,不論濕擦乾擦,每次只能利用指尖或是手刀小小的接觸面反覆擦拭,最後還可能留下細小的衛生紙屑,實在不是明智之舉。

> **延伸思考**
>
> **Q:大捲的廚房紙巾適合你家嗎?**
>
> 對我來說,廚房紙巾太大張了,容易造成浪費,而且通常掛紙巾的掛鉤、立架都不大好用,很難幫它找到安放處。如果遇到需要緊急吸水吸油時,廚房紙巾一張不夠用,很容易會撕下一長條厚厚紙巾,同樣造成浪費。
>
> 我家是用以密集虛線的「巧撕設計」圓筒餐巾紙,或是單張連抽設計的長方盒形狀擦手紙(同樣大小但較薄)。針對吸水吸油,則以可重覆水洗的竹纖維拭油紙巾更合用(但表面毛毛的不像紙巾適合擦拭)。或是自己將紙巾裁切成合用的大小。
>
> 紙巾因會接觸到食物,建議選擇無螢光劑、無漂白,較為安心。

二、別把舊牙刷當隙縫刷

　　一般牙刷的前端沒有斜角設計，無法深入縫隙角落，清潔效果有限。而且刷毛太軟，清潔力道過於薄弱。

　　如果你是秉持著把東西用到壞再丟、比省時省力更重要的勤儉精神，不如拿舊牙刷專刷室內拖鞋及外出鞋的鞋底，刷到刷毛開花就可以放手了。如果你是為了減少塑膠垃圾，不如花多些錢買豬鬃竹柄牙刷。

　　舊牙刷中，我只會把滾輪式牙刷留下，專門刷磁磚縫，因為它的刷毛特別短，比號稱磁磚縫專用的橡皮擦更好用。

隙縫刷絕對比牙刷好用。

Q 好用的洗抹布刷要如何挑選？

　　購買時，改用非慣用手試用。如果打掃完手會痠，也可以洗抹布時以非慣用手為主，減輕慣用手的負擔，順便平衡左右腦利用率。

Q 舊豬鬃竹柄牙刷，如何再利用？

　　動物毛越使用會越柔軟，可以用來刷麂皮鞋。或是用來刷只能乾刷的電器散熱孔洞，毛軟不怕把塑膠外殼刷出刮痕。

三、掃除切忌彎腰

　　不管是半蹲、青蛙蹲、高跪姿、單膝下跪等，以上各種姿勢都不需要彎腰。

　　如果是因為蹲不下去才彎腰，你可以使用各種可調節長短的有柄打掃工具；如果是因為蹲下後很難站起，你可以坐在附扶手的小藤椅，總之就是不要彎腰。

為了減輕膝蓋的負擔，我會單手扶著桌面、桌腳、拖把等物品再蹲下與站起。但是我已經養成不扶牆的習慣，除了不要把牆摸髒，也是因為手掌平貼垂直牆面不好施力。

> **延伸思考**
>
> **Q 如何減少蹲下頻率？**
>
> 　　如果腳能做的，就別用手做。或是把放在低處的東西，一次放到盒子裡，再一次放到檯面或凳子上，最後再整盒放回。

四、不要把收納與打掃當成同一件事

　　以電腦桌為例，打掃時，眼神需專注在桌面，桌上的東西被移動是為了擦乾淨整張桌子。只有打掃時會把桌垂直面、桌腳一併擦過。

　　收納時，眼神聚焦在物品，將物品歸位，該丟進垃圾桶的、該放回抽屜的、該擦乾淨的，適得其所。

　　我通常會先收納電腦桌上物品，隨後清潔桌子，但還是有個先後順序，不是混在一起做。反之，若是時間緊迫，我也會先清潔電腦桌，餘下的時間再進行收納。

把相同屬性的物品集中放在籃子裡，是快速的收納方式。

延伸思考

Q 收納與清潔時間，該如何分配？

　　基本上收納會比打掃還花時間，通常只有家大、東西少的人，收納會比清潔時間少。先誠實面對自己目前收納和打掃時間比例，再想像如果調整比例，是否會更為理想。

　　收納比清潔花的時間多達 5 倍很正常，甚至 10 倍也不稀奇。不過也可能相反，因為某些櫃子已經記不得上次開啟與檢視是何時了，收納時間為 0。

　　舉例來說，如果要調整成把時間多留給打掃，將物品一一檢視、篩選、歸位的動作，勢必會很花時間，不如先將檯面上零碎東西裝成一盒，就算完成收納了。

　　如果要將時間多留給收納用，打掃時就多利用像除塵紙撢、除塵紙拖把等免洗工具，加快清潔速度。

五、不要在浴室裝金屬片百葉窗簾

　　光是要把百葉窗簾葉片上的灰塵清除乾淨，就是一件很花時間的事情，必須手拿微濕的抹布，夾著葉片上下面，一片一片慢慢擦，而拉繩隙縫、金屬絞輪還需另外刷。

　　不過我有個省時省力、清潔效果還不錯，但是灰塵會飛滿天的辦法。找個刷面盡量大、刷毛盡量軟又長的清潔刷，趁著葉片上灰塵還沒多到黏住時，戴上口罩，也帶上吸塵器，把葉片轉到垂直，輕輕刷窗簾裡外兩面，再180度轉動

葉片，**繼續輕輕刷窗簾裡外兩面**，如此葉片重疊處都可刷到。

如果葉片潮濕，只能以乾布整片擦拭，但只擦得到葉片上的拱面，內凹面只能靠長纖絨布略略擦到。

金屬片百葉窗簾除了難清潔外，當金屬絞輪生鏽故障，也就宣告陣亡。不如換真正的木質百葉窗，清潔保養都容易多了。

木質百葉窗會比金屬片百葉窗簾好清理。

延伸思考

Q 乾溼分離的玻璃淋浴間 V.S 浴缸＋浴簾，哪一種比較容易清潔？

哪種好清潔？其實還是要看使用習慣，而且使用後保持乾燥，讓汙垢、水垢不積累，才是潔清重點。

如果浴缸很少用來泡澡，只是站在裡面沖澡，使用前後沖洗一遍就好，而浴簾用舊、用髒了，也可以輕鬆更新。玻璃隔間如果懶得刷洗，直接整片裝潢成霧面材質，眼不見為淨，代價是浴室因此看起來變小了。

延伸思考

Q 全新室內用掃把，適合拿來刷百葉窗簾嗎？

以掃把刷百葉窗簾，會有以下的優缺點：

優點：單方向往下刷就不會揚灰。將窗簾轉到閉合後，窗簾兩面各刷一次，再把窗簾轉 180 度閉合，再兩面各刷一次。不用花太多時間，就可以保持乾淨，窗簾也可以順便一起做清潔。

缺點：掃把刷毛容易會分岔。窗簾只能稍微變乾淨，不能以太高標準看待。

六、你家真的需要餐桌嗎？

如果你家的餐桌失去用餐功能，總是堆放許多東西，那不如把餐桌撤掉，改成置物櫃吧！

如果你喜歡親自下廚招待親友，不如讓廚房與餐廳結合，可在廚房中島做菜與吃飯，也不需要設立餐桌。如果你家習慣在客廳邊看電視邊吃飯，適合坐在茶几旁的小椅子，會比餐桌更適切。

也許有人家需要兩張餐桌，一張正式的宴會桌，一張靠近廚房的小餐桌；就像也有人家需要兩間客廳，一間是正式的宴客廳，一間是生活的起居室，端看生活型態而決定。

像我家只有我與拙夫兩人，吃飯用圓形玻璃咖啡桌就已足夠。我寧願不要餐桌，以此為由，只在外宴請客人，這就是我選擇的生活方式。

廚房與餐廳結合，是中島也是餐桌的方式，也許更適合許多人。

延伸思考

Q 層架組與收納櫃，哪種好用？

　　層架組雖然沒門、沒側板，但優點是一目了然，又不會被櫃門、背板占用空間，還可以用容器收納，從多個方向取出，不像傳統櫃子，只能從開門面取出。

　　收納櫃可以保護物品不積灰塵，關上門後，雜亂感瞬間消失。

Q 擦拭餐桌時，與清潔其他檯面有何不同？

　　餐桌通常會比較油膩，需加上清潔劑擦拭。

七、真的需要加入美式大賣場會員嗎？

　　美式大賣場有各種獨賣的商品，而且售價比其他通路便宜，我也曾經是會員之一。之所以會主動取消資格，是發現「買越多省越多」的這種思維，不僅讓我過度購買，買些可有可無的東西，也使我漸漸不再主動選擇，很少先想好自身需求，再去找最貼近的產品。

　　舉例來說，我曾經買了一包 40 × 40 公分的黃色超細纖維擦拭布，材質比一般零售通路的抹布來的厚、耐用，又更便宜。不過布的尺寸太大，需要再對折，才能擦得順手，雖然有掙扎過，但我最後決定用完庫存就不再購入，因為我不想再遷就這條布了。

　　而且黃色抹布易髒，即使我用三角洗衣刷沾液體肥皂，反覆單方向地刷過，還是多少會留下汙痕，但因為它特別便宜又耐擦，即使變髒了依然很好擦，而我卻想再拿條新的來擦檯面，結果就是舊布不斷累積……。最終我會像個美國人，製造特別多垃圾，而不是我原本想要的節能減碳。

延伸思考

Q 如果常遷就掃把的長度，彎腰駝背地掃地，該如何改變？

　　三個方式提供大家參考：

　　1. 改造掃把，自行加長。

　　2. 舊掃把只用來掃角落、縫隙、垂直面，再買把長
　　　 一點的新掃把掃地。

　　3. 小範圍的掃地，隨時將垃圾掃進畚箕裡。

Q 貴的清潔工具會比便宜的好用嗎？

　　有人曾問我，3元 × 5 個與 5 元 × 3 個的菜瓜布，
要如何選擇？提供兩個思考方式給大家參考：

　　1. 兩種都買。買了也都好好使用比較看看，耐用度
　　　 是否有所不同？而且需要使用一段時間，較能比
　　　 較出差異。

　　2. 先買便宜的，如果不覺得難用以後就繼續用，如
　　　 果發現哪裡需要改進，再看貴的那款是否真的改
　　　 良了。

八、不要用香味遮蓋臭味

任何添加香味的東西，都會引發我的警戒感，那是為了掩蓋某些危險物質的味道嗎？或是想要假裝它含有某些有益的成分？舉例來說，玫瑰花香除濕包，會不會是為了掩蓋潮濕味？薄荷涼感牙膏，會不會讓我以為牙齒潔淨而懶得用牙線？袋裝薯片的香氣，讓我忘記它的原料成分？

用香味遮蓋臭味，或許能讓不知情的旁人分不清聞到什麼味道，混淆嗅覺，卻也掩蓋不了異味的存在，還會因濃密的氣味分子，讓人更難受了。

如果想要欺騙一時，市面上確實有消減空氣中臭味分子的產品，像是光觸媒、蛋白分解酵素、油脂分解酵素、活性碳、霧化水等等，可作為應急時工具。

延伸思考

Q 聞到漂白水，你的感覺會是？

有的人會覺得漂白水等於乾淨，令人安心；有的人會聯想到醫院，令人神經緊繃。不論你是哪一種人，氣味會連結到情緒的這件事，很值得大家思考。

> **延伸思考**
>
> **Q 如果無法消除臭源，該怎麼辦？**
>   1. 隔絕法：用膠帶、水、發泡填縫劑等等，將散發
>   異味的空間封起來。
>   2. 燃燒法：長時間點燃燭火，燒掉臭味分子。
>   3. 通風法：加強通風與空氣循環，強制排氣。

九、使用前，請詳細閱讀說明書

你是不是買了清潔工具後，直接拆封使用，並隨手把說明書立刻丟掉？請認真看待紙板背面的說明文字與圖片，才能省時不費力的妥善運用這些工具。

舉例來說，各家平板拖把頭裝上抹布的方法都不同，如果憑經驗使用，可能會被誤導。有些橡皮刮刀可以分拆調整，使用起來更加順手，如果有組裝恐懼，深怕拆了就裝不回去，只要照著說明書上的對照圖示，就不會擔心裝反了。

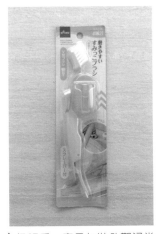

仔細看，產品包裝外觀通常都有使用說明與圖片示範。

十、不要想打掃別人家

　　如果你是樂於打掃、享受打掃的人，請掃好自己家或是個人區域即可，千萬別侵犯到家人的私領域。

　　如果私人領域被打擾，往往會讓當事人有苦說不出，也會將打掃連結到負面印象而更不愛打掃，進而形成家人不斷幫忙掃、自己不掃的惡性循環。此時，打掃者可能做到流汗，卻被嫌到流涎，而消極逃避打掃者，不僅不出力，甚至可能扭曲成指揮他人該怎麼掃。

　　家中成員的打掃問題，請先「動口不動手」，大家口頭討論好私人領域與公共領域的打掃責任，每個人各自守護好自己的領域，時間允許的話，家人可以一起在共同的時間進行打掃。藉著打掃，溝通雙方的差異。

延伸思考

Q 小朋友總是越幫越忙，怎麼辦？

1. 調整心態，陪小朋友玩，以邊玩還可以順便打掃的心情看待。
2. 小朋友本來就不分玩與學習，可以好好先花時間教好打掃這件事，不但可訓練專注力，以後會搶著打掃，成為得力小助手。

Q 沒同住、但是很權威的家人會干涉打掃，怎麼辦？

1. 分解權威，先聽他說什麼，記住重點、複述、口頭答應。等自己以後要打掃前規劃時，或是想到這些建議時，斟酌加入自己的打掃計畫。重點是，千萬不要沒聽對方說什麼就口頭敷衍答應，至少要聽他說一段再複述重點。
2. 即使無法阻止過度熱心家人動手打掃，也要口頭表示反對，而且自己絕不動手。通常對方也只是「示範」一下，不會清潔完整，但卻會開始指揮該如何「幫忙」，這時就是關鍵時刻，再次重申反對他打掃，而且自己絕不動手。可以請他放下手邊工作，自己之後再收拾。
3. 如果自己確實需要他人幫忙打掃，那必須先確認家人意願，並可依照自己的命令打掃。否則最好還是花錢讓聘僱的幫手依照自己的命令打掃，最不傷和氣。

Part 3

整理空間，
人生也一起整理了

乾淨的廚房，讓做菜成為一種享受；
乾淨客廳，成為全家人喜歡待的場域；
乾淨浴室，放鬆一整天疲累的身心，
原來整理與人生有著密不可分的關係。

浴室＆廁所

要著手整理一間房子時，我通常會從每天使用率最高的浴廁開始。將浴廁徹底打掃一次，可説是我的入厝儀式。

　　建議先依自己的體力與意願，決定要花多少的時間打掃整間浴室。如果預計花費兩小時，可以設定兩次鬧鐘。第一次鬧鐘設定在一小時後，中場休息並補充水分。第二次鬧鐘設在一小時半後，提醒自己要開始進行收尾。掃完最後花五分鐘欣賞自己的成果，享受「屋子」變成是「我家」的滿足愉悅感。

Bathroom
&
toilet

打掃前，先快速檢視

通常我一進入到客戶家時，首先會確認浴室大小與格局，包括天花板高度、判斷是否需準備爬高的凳子或梯子。也要確認浴室內有無窗戶，若通風不良或抽風不足，就必須先準備好電風扇，幫助清理後的吹乾工作。

打掃自己家時，也是掌握相同的概念，要從大到小，先概括檢視、再漸漸細看。如果一直執著於小處，只會讓自己暈頭轉向、眼花心累，還沒開始清掃就先高舉白旗了。

快速檢視浴室的大小、格局、有無對外窗等等，擬定打掃計畫與攻略。

清掃時的前置工作

開始打掃時，我會在慣用手（右手）戴上一隻手套，左手不戴，即進入工作狀態。

快速檢視，擬好打掃計畫

在正式開始清潔前，先確定哪些區域需避免淋濕，拔掉插頭、捲好電線。拆開排水孔蓋，試試排水速度是否正常。

將浴室全部的櫃子、抽屜都打開掃描一遍（先保持櫃門開啟，等不得不關上時再關），再動手清空裡頭的東西，不怕髒的不用先擦，直接搬到水槽裡或檯面。然後把所需的清潔用品準備好，放在浴室門外的大塊腳踏布上。垃圾袋也都放在門外準備好。如果櫃子裡外每面都打算擦，而不只是擦外觀與檯面，就要多準備乾抹布以節省洗抹布的時間。

> **家事職人的小叮嚀**
>
> 每次打掃時，都先擬定計畫並預估時間，一次次練習後，打掃流程與時間就會越接近預定計畫，到最後就越可以按自己意願，隨心所欲地打掃，還可鍛鍊自己的意志力與行動力。

準備好清潔工具

清潔前，將浴室全部的櫃子、抽屜都打開掃描一遍。

放眼浴室，掃描一遍後，先確認浴室的各種材質，再檢查有無破損、刮痕、水垢等細節，開始擬定所需的清潔用品。準備兩個小臉盆備用，一個用來置放清潔工具，一個用來洗髒抹布。如果洗手台是圓弧底，就準備可以放入洗手台、直徑 30 公分以下的圓形小臉盆；若是矩形平底，就準備方形小臉盆。

將擦拭後的髒抹布先放入水槽裡的小臉盆裡清洗，洗完再順手將髒水倒入馬桶，隨倒隨按沖水，或將髒水慢慢倒入附不鏽鋼濾網的地漏。

家事職人的小叮嚀

檢查蓮蓬頭的高壓軟管是否夠長，能不能拉到浴室的每個角落沖水？若家中有可移動的高壓蒸氣機會更方便作業，能利用蒸氣沖力，又不會將整間浴室都沖得濕透。

| 準備好浴廁清潔工具。

浴廁的清潔重點

　　灰塵特別厚的地方先用吸塵器吸過，例如窗溝、排風扇濾網、地板。然後需要塗抹清潔劑的部分都先塗上，再從上到下地打掃，這是最有效率的掃法。若是打掃得很熟練，不怕會漏掉這些小區域。若是還不熟悉這間浴室，也可以分成各部分，在各部分內從上而下打掃，例如牆面與洗手台分別打掃，先將整面牆從上到下擦乾淨後，再清潔洗手台，如水花濺到周邊牆面，就再擦部分牆面。

一、天花板

　　先檢視天花板的材質。最好清理的是塑膠材質，即使是發黴，只要用濕抹布都能擦得起來。若天花板太高，則要另

外準備梯子。先用除塵紙乾擦，再換微濕的抹布擦拭一遍。擦拭時可用除塵紙平板拖把夾著抹布，擦起來方便省力，不用爬上爬下。

如果你家是裝潢木板塗白漆，忌碰水，只能用乾的除塵紙乾擦；如果是頂樓，因為天花板不用隔開樓上的排水管、糞管，而是水泥房頂塗漆，除了可以乾擦除塵，也可用微濕抹布擦拭。

二、淋浴間

1. 淋浴間玻璃的水漬

將皂垢清潔劑斜斜噴在淋浴間的玻璃後，再拿海綿塗均勻，靜置時間至少 5 分鐘，先刷再擦，最後用刮刀刮乾。不要妄想只靠淋浴水管的噴射水柱就可以沖乾淨，那只能沖散清潔劑。

2. 地板的皂垢

清潔淋浴間之前，要先確認材質。萬一淋浴間地板或牆面已經鋪上凹凸粗糙的石材或仿石材，那我相當建議購入一台高壓蒸氣機，就可以解決這個清潔難題。若沒有買也不建議用刷的，實在太費時費力且效果不彰。

關於地板皂垢的清潔法，我建議大家每晚睡前在淋浴間塗上皂垢專用清潔劑，用腳踩著海綿塗遍地板就好，地磚縫

隙才以隙縫刷刷滿清潔劑泡泡。等隔天有人沖澡時，先沖乾淨地板再洗澡，沖澡完再以清水沖洗淋浴間玻璃與地板，讓皂垢不再繼續累加。這個做法的困難之處並不在盡量將所有表面都塗上清潔劑，而是「每晚」都得執行，久而久之，地板一圈圈的皂垢會較不明顯。

淋浴間玻璃的水漬與地板皂垢，是最需要清理的重點。

3. 矽利康的黴菌

如果浴室裡有乾濕分離的淋浴間，可以預見的是矽利康（silicone）大概都會發霉，此時要先確認樹脂顏色，準備適合的除黴劑。

＊ 若是透明樹脂，可能無法根除。

＊ 若使用白色樹脂，可以用凝膠除黴劑，有機會完全漂白。

＊ 若是黑色樹脂，黴點不會太明顯，便不需特別除黴，在打掃時用隙縫刷沾萬用去污膏仔細刷一刷即可。

進行除黴時，必須確認完全沒有水滴附著。如果使用的是泡沫或液體除黴劑，噴上發黴處後，敷上一層衛生紙，一方面可以避免漂白到其它地方，也能延長接觸時間，效果會

比不鋪上衛生紙好上許多。如果使用的是凝膠狀除黴劑就不用這麼麻煩，直接在發霉處擠出，薄薄抹開一層即可。

由於除黴的有效成分是次氯酸離子與氫氧根離子，也具漂白作用，請務必先詳讀使用說明。如果使用在石材、金屬鍍面、鋁面、彩色塑膠、琺瑯等表面上，絕對會導致變色，甚至被腐蝕，變得不光滑明亮。

家事職人的小叮嚀

理論上，應該在把浴室弄濕之前先徹底除黴，但我習慣將除黴當作局部打掃時的項目，所以會在整間浴室都徹底打掃後，晚上睡前將還有黴斑的區塊塗上除黴劑，第二天再洗淨擦掉。

二、浴缸

記住，除非浴缸是耐刮的磁磚材質，否則都不能直接用菜瓜布刷洗。尤其按摩浴缸的材質多為壓克力，特別滑也特別容易損傷，需要用絨布海綿進行刷洗，或是也可以用抹布沾水垢清潔劑抹勻，還能順便將不鏽鋼的零件也洗得閃閃動人喔！

浴缸若是當成淋浴用，特別會積累皂垢，尤其浴缸底面

轉折處往往因為排水太慢，形成水漬。要清潔浴缸的皂垢與水漬，只要利用一塊類似橡皮擦的固體清潔劑兼刷具就很好用了，不過當「橡皮擦」的直角被磨圓磨鈍後，就不好刷了，必須要常常更新。

日常保養是預防水漬與皂垢的最好方式，或是將蓮蓬頭換成附濾材的款式，讓水中雜質降低，礦物質不易結晶。如果每次洗澡後、放完浴缸水都徹底擦乾最佳。但是我覺得這違反人性（墮性），沖澡或泡澡放鬆後，卻還要做工，不是又放鬆不了了？所以懶人如我的折衷方式是，預備好檸檬酸溶液噴瓶，濃度隨意，只要完全溶解水中即可。洗完澡後，在濕濕的浴缸上直接用檸檬酸溶液將浴缸、磁磚噴得更濕，不用擦拭，直接陰乾即可，就可以減少皂垢與水漬形成。

洗完澡後，在濕浴缸上用檸檬酸溶液將浴缸噴濕並陰乾，這樣就可以減少皂垢與水漬形成。

| 可搬動式浴缸，建議每星期都要刷洗浴缸底下的地板一次。

家事職人的小叮嚀

如果你家是可搬動式浴缸，底下的地板必須使用特殊規格的刷子才能充分刷乾淨，但我不建議特別購買。因為如果每星期都有沖洗地板，用硬毛的拖把布就能擦起容易堆積在磁磚上的滑膩黃褐色生物膜。如果久久才刷一次地板，就把目標放在看得到的部分地板，降低「掃乾淨」的標準，以提高打掃頻率為優先目標。例如從一年只大掃一次，變成掃兩次，或是從每季掃一次變成每月掃一次。

四、馬桶&小便斗

在馬桶中先倒入一桶水，讓水面下降後，再把水垢清潔劑塗在瓷器部分；塑膠座位的部分，我會用不織布海綿沾萬用除汙膏塗一遍，靜置一會兒，再刷洗乾淨。

如果家中有小便斗的話，廁所的臭味來源絕大多數都是它造成的。有些小便斗將排水孔蓋設計成可以拿起的有洞小瓷盤，翻開就可看見蓋子的無釉面與排水管都積累黃垢，成為臭味來源之一。

還有就是小便斗內隔絕臭味的積水面太低，雖然有些小便斗會不斷流水，但多少還是會飄散出臭味，此時只能準備水垢專用凝膠長期抗戰。

五、鏡子

鏡子上的皂垢處理起來比較麻煩，因為要防止鏡子刮傷，所以塗勻皂垢清潔劑後，必須拿專用的鑽石平磨面的超小硬海綿打磨鏡面。

鏡子專用海綿越小越好用，最小刷面的面積是 5 x 3cm，刷時才能省力，可以把魚鱗狀的一圈圈皂垢，磨模糊。如果刷面的面積大到 12 x 8cm，每圈皂垢受到的壓力反而變小，費力又刷不糊。

糊掉的皂垢其實就是吸水軟化了，再用一般大小的不織布海綿就可以刷掉。鏡子如果離洗手台高些，離沖澡水管遠些，就比較不會積累皂垢。

皂垢清潔劑＋鏡子專用鑽石海綿，就可以清除鏡子上的汙垢。

家事職人的小叮嚀

鑽石海綿也可以刷玻璃、磁磚上的皂垢，但是因為一大片或兩大片都刷乾淨太花時間，可以等有閒有心情時，只做局部清潔，先設定好這次刷的範圍，專門刷除皂垢。

六、洗手台

洗手台累積的皂垢是最好清理的，只需在沖洗海綿時順手抹一抹即可。反而是水龍頭與洗手台連接處隙縫、排水孔隙縫，要先以隙縫刷沾水垢清潔劑塗滿再刷洗。

刷洗時，先用菜瓜布或刷子從上到下開始，再用濕抹布擦拭，接著用橡皮刮刀刮乾，最後用乾布完全擦乾即可。

很多人清洗時會直接拿水管沖水，但光是這樣是沖不乾淨的。要記住，沖水是不得已的手段，除非有擦不到的地方，再用沖水衝力把髒汙沖到擦得到的地方，但缺點就是會造成滴水或積水。

水龍頭與洗手台連接的隙縫處，以隙縫刷沾水垢清潔劑再刷洗。

七、地面

每當我去到客戶家，看到浴室地板有水垢時，就可以猜到是地板斜度沒做好，水無法全部流入地漏所造成的。

地上的積水只能用抹布、大毛巾吸乾，或是用電風扇吹乾地板，效果會比開暖風乾燥、碳素遠紅外線燈要好，不過比較麻煩的是，最後還需要收拾抹布和風扇。

清潔整理後，重新檢視空間

等待浴室地板乾燥的同時，可以重新檢視一下，哪些東西要放在浴室呢？我的建議是，能不放浴室的就都別放了吧！

很多人家裡的浴室，是僅次於陽台的第二儲藏空間，往往一不小心，就變成凌亂來源。

我家因為只有我跟外子兩人，毛巾只放一條共用，2～3天就換洗，主要是用

相關備品盡可能不要放在浴室。

來擦乾手，還有吸乾臉上的水。洗完澡用的大浴巾都是掛在浴室外。備用的毛巾都放在衣帽間，一串串的衛生紙、保養品等備品則是放在儲藏室。

浴室整潔好清理的原則

1. 鏡子前，不堆放雜物

黏貼式的鏡子不占空間，還可讓人感覺空間變大，但是

如果鏡子前也堆滿了東西，那麼雜亂感也會放大成兩倍多。

2. 浴室外，放置儲物櫃

可準備窄高櫃放在浴室外，櫃立面就是穿衣鏡，櫃內放原本浴室裡的瓶瓶罐罐、髮飾、首飾、化妝品、衛生棉等等。

3. 物品不落地

大原則是清空，次要原則是不落地。很矛盾吧？若是清空怎麼又有東西落地？外子就常常很得意浴室的櫃子裡空空如也，但這樣的人應屬少數。大部分的人似乎都還是會忍不住把浴室裡的櫃子當成儲藏室，放些備品。若無法做到清空，至少要遵守物品不落地的原則。

4. 只放浴室會用到的用品

放在浴室的東西，應該是很明確知道會在浴室使用到的。越常打掃，就會越確定哪些東西其實沒用到，反而成為打掃時的障礙物，這時就要逐一把它清出浴室。

家事職人的小叮嚀

打掃一小時記得要休息一下喝個水，打掃完也要給自己一點時間欣賞成果，甚至最好的話，可以成為第一個使用空間的人。

鏡子前不堆放雜物、物品不落地，打掃起來會更輕鬆。

浴室裡的木製品該如何清潔？

由於一般木頭表面都會上漆，無法重新漆色蓋掉黴斑。此時可以將除黴劑或漂白水噴在乾布上擦拭，三十秒內再拿另一條清水微濕抹布擦拭第二次，如此便可得到不錯的除黴、去黃斑效果。當然，在使用前要記得戴好口罩與手套。

也有無塗漆的木頭，比方說三溫暖烤箱等設備。沒有塗漆的木頭往往是檜木、樟木等有特殊香味的木材，其實也不容易發黴。除非像是浴桶等直接置放在潮濕的浴室地板上，可能就會長出蕈傘。因此木桶使用完還是要倒扣通風。預防為上策、刨削去皮為中策、除霉濕擦才是下策。

竹製品雖然也可以比照木頭與皮製品的清潔法，使用噴蠟噴在乾淨抹布上再擦得油亮油亮的，清潔又防黴。不過竹纖維一根根貫穿到竹節間，不僅吸濕也很吃蠟，上上策還是要遠離浴室才好。

廚房

如果廚房不常開火，只是偶爾煮水、煮泡麵，打掃起來其實不會太費工夫。但是如果是每天照三餐使用的廚房，通常會佈滿油垢，要怎麼清理才能省時不費力呢？

　　很多人選擇視而不見，每年才進行一次大掃除，每次都要花個 2～3 天才能洗到不油不膩，廚房雖然乾淨了，但身體也疲累不已。建議大家，每個星期至少花一小時清潔整理，會比每個月花四小時大清理一次，更加省力且乾淨。

Kitchen

打掃前，先快速檢視

開始打掃廚房前，要先確定今天要掃到何種程度。可以只是把肉眼可見的汙漬去除，也可以將牆壁磁磚與地板都用清潔劑擦拭一遍，或者再徹底一點，將所有櫥櫃的門都打開，把櫃子內外都仔細擦拭。

廚房的打掃細節很多，如果時間有限，可以每天鎖定某一小區塊進行，才不會感到負擔。

清掃時的前置工作

廚房裡有很多小家電，清潔前要先安置保護好，並將插頭拔起，插座也要特別留意不要噴濺到水或清潔劑。

準備清潔工具

1. 不織布菜瓜布、海綿刷

選擇材質柔軟的刷布，用來刷洗廚房裡的不鏽鋼材質、強化玻璃、抽油煙機外殼等等，較不易刮傷。要特別注意的是，菜瓜布、海綿刷、隙縫刷等，用來刷洗後沾附太多油垢，使用時會有沉重的黏膩感，這時就要直接丟棄換新。

2. 濕布

使用抹布前，一定要先用刷具擦到感覺不油時，再以抹布濕擦。抹布可以先泡熱小蘇打水，擰乾再擦拭。

3. 橡皮刮刀

最後的步驟，以刮刀收乾表面。

❘ 準備好廚房清潔工具。

廚房的清潔重點

黏黏黃黃的油垢，應該是大部分廚房最讓人頭痛的部分。油垢隨著時間混合灰塵，水分蒸散後會變成又硬又黏的固體，經過一段時間才想要將它們清除，就需要費點工夫。

如何去除陳年油垢？可以掌握以下兩大步驟：

1. 先用熱肥皂水，軟化油垢

先把油膩瓷磚表面都塗上熱肥皂水，靜置五分鐘，軟化油垢，再用金屬刮刀鏟除大部分油垢，剩下薄薄一層再改用刷的。

2. 用鹼性清潔劑，刷掉汙垢

鹼性清潔劑噴在菜瓜布上，或是以菜瓜布沾取去汙膏，再刷洗磁磚。

一、天花板&牆壁

廚房牆壁磁磚、天花板其實也都會因為油煙附著汙漬，摸起來會黏手，可以用布拖把沾清潔劑擦拭。

拿著可調長短的平板拖把，包著溫熱的濕抹布，從天花板開始擦起，從上到下濕擦一遍，讓灰塵溶入濕抹布中。隙縫處加強刷一下，再用橡皮刮刀刮乾，最後再用乾布收乾。

擦得到的牆面用濕熱抹布擦拭，擦不到的天花板就用可伸縮的布拖把。

二、紗窗

油油的紗窗，可以的話最好是整個拆下來清洗，如果沒辦法拆除，可先在窗溝墊上欲丟棄的舊毛巾（舊毛巾只負責吸收汙水，太濕就將其擰乾、無須洗淨，待紗窗洗乾淨後，直接丟棄），以菜瓜布沾去汙膏塗滿紗窗兩面，靜置幾分鐘後，再以浸泡過熱水的菜瓜布刷洗紗窗。

如果長期沒有清理廚房紗窗，油汙附著情況嚴重，就會需要反覆四、五次塗上去汙膏、靜置、擦拭的過程。如果每次都有好好清潔，就會越來越乾淨。

瓦斯爐

瓦斯爐如果是可能掉菜渣到縫隙裡面的款式，一定有個底盤可以抽出來刷洗，類似烤箱、烤麵包機的底盤，先抽出來倒出碎屑。

瓦斯爐心的各金屬部分其實可以拆解，但是為了避免接觸水後過於潮濕點不著火，只要將爐心部分以刷具乾刷即可，其他可濕刷的零件也需擦乾再裝回。

瓦斯爐心盡可能不要接觸到水分。

四、冰箱與櫥櫃

冰箱的把手和上方、櫃子的把手和邊緣都容易會沾附油汙，處理上幾乎和抽油煙機一樣麻煩。清理時要先塗上一層清潔劑，靜置一會兒再以抹布濕擦，才容易清理乾淨。

櫥櫃邊緣與把手，是打掃時很容易被忽略之處。

櫃子內側也都會沾附油汙，可以將櫃子全部打開，用手摸摸看再決定要不要一併清潔。平時可以把櫃子裡的東西裝在小籃子裡，方便一次拿取。內部物品取出後，將清潔劑噴在抹布上擦拭一遍。

> **家事職人的小叮嚀**
>
> 怕刮傷或變色的烤漆、玻璃、冰箱外觀、鋁條等等，只能以清潔海綿泡蘇打水，稍微擰乾再擦拭，等幾分鐘後，再以濕抹布擦掉溶入油汙的蘇打水。只要重複 2 ～ 3 次，摸起來就不會有油膩感了。

五、地板

　　打掃過程中，廚房地板難免會滴到清潔劑，所以平常如果有鋪地墊的話，可以先移走，改鋪上抹布，發現地板弄濕時，隨時用腳帶動抹布擦乾。

1. 磁磚地板

　　廚房地磚不知為何，有時也像浴室地磚特別做防滑凹凸設計，所以特別容易油膩。地磚縫如果總是刷不乾淨，可以考慮填縫白膠，讓縫隙與地磚等高。地磚抗酸鹼，所以可以用鹼性清潔劑去油。

一般瓷磚地板可以先重點清理角落或特別油膩的地方，先噴上清潔劑，要留意不要滑倒。最好是從角落開始局部處理，或者平時準備另一塊抹布，經過時可以隨時擦掉。

清理一般瓷磚地板時，先重點清理角落或特別油膩的地方，並小心濕滑。

地磚縫如果總是刷不乾淨，可以考慮填縫白膠，讓縫隙與地磚等高。

2. 木地板

廚房地板若是木質地板，不適合讓清潔劑長時間停留，先用吸塵器吸一次後使用萬用酵素清潔劑濕擦，最後再乾擦一次。

若是近十年鋪的木地板，大都是複合型材質，不怕木板吸水翹起，只是材質較軟易刮傷，表層保護漆較不耐酸鹼，可以用不織布菜瓜布沾肥皂水去除油垢。

3. 石材地板

石材地板最麻煩，平常保養可以熱水抹布擦洗，每年再請專人除蠟、拋光、打蠟。日積月累吃進石頭孔隙的髒汙，就不要太在意了，等年度保養時再進行清理。

廚房防油膩的五大招

第一招：抽油煙機要夠力

　　一般家用抽油煙機大多都是裝在瓦斯爐上方比人高處，但大家有沒有發現，專業的廚房不是這麼裝的。

　　在客人面前現炒現煎的鐵板燒師傅的爐臺，抽油煙進風口就在師傅站立處的立面。內場廚房的抽油煙機抽風管從上延伸到下，進風口也比人矮，盡量靠近瓦斯爐。所以如果有機會自己選購抽油煙機，不是使用建商「送」的成套廚具，可以選擇半拱門型，抽風口在牆壁立面的抽油煙機。

第二招：妥善運用抽油煙機的功能

　　煮菜時，先開抽油煙機再開瓦斯爐，整個做菜過程抽油煙機保持開啟，直到爐火關了，稍待幾分鐘再關掉抽油煙機。如果嫌吵，可以戴耳塞。

　　在抽油煙機的集油杯內墊上一張紙巾吸油，集油杯就不會累積厚厚一層黏膩的褐色油汙，也較好清洗。

第三招：使用一體成型的水槽

選擇流理台檯面與水槽一體成型的不鏽鋼材質，可以減少接縫累積油垢、不密封而滲水的機率。

第四招：廚房電器放在專用櫃內

廚房小家電大多時間都放在櫃內，要用時再取。冰箱也可隱藏在整面牆的收納櫃之中。保持中島或流理台上的空間充裕，方便在備料時，把所需材料全部放在檯面上準備。如果邊炒菜、時不時打開冰箱，不僅冰箱易耗電，門把容易髒，一心多用容易顧此失彼，手忙腳亂的。

第五招：炒菜要蓋鍋蓋

半玻璃、半不鏽鋼材質的鍋蓋，會比整個都是玻璃鍋蓋要輕巧，也可以看到鍋裡食材的狀態，烹煮時盡量蓋著，油煙就會減少四濺，洗鍋蓋會比洗牆面的範圍小多了。

廚房地板需要鋪地墊嗎？

我其實覺得廚房地板不需要擺放地墊或抹布，因為相較於擦地板，地墊清洗起來麻煩多了，手洗時會因為吸水變得又大又重，如果用洗衣機洗則容易洗到變形，而且地墊太髒還要先吸塵……。

我的習慣是平時將抹布掛在廚房外的後陽台，有需要時再拿來用腳擦乾地板，用完隨即掛回後陽台晾乾。可重覆水洗的竹纖維紙巾，吸油快乾，也很方便充當擦地用抹布。

選擇塑面材質的地墊，只要擦拭就能把汙垢帶走，省去清洗的麻煩。

臥室＆小孩房

打掃起居室（臥房）、小孩房的技巧都很基本，相較起來，收納與整理的責任歸屬是比較困難的。

　　家是共有的，人的生活又是不斷在變化的，責任與權力很難完全劃分清楚。如果客廳、浴室等公用空間會掃到火大，我會建議不如改變自己，先掃好臥室，甚至是無主之地的陽台。

　　讓家人間爭奪地盤的口舌之爭，轉變成身體力行的打掃，還可以比誰出清自己的東西厲害，達到良性循環（只是別趁機偷偷把家人的東西丟掉喔）！

Bedroom

打掃前，先理清責任

　　起居室是家人共有的空間，我會建議只擺放共有的物品，而私人物品請各自放在私人空間裡，不要蔓延至共有空間。此時打掃的責任也是共有的，即使授權給某一人或是輪流打掃，都需經過討論決定。

是起居室還是臥室？

　　要如何釐清打掃的責任，可以先思考這個空間是起居室還是臥室？可藉由下面兩個思考來分辨：

　　思考一：房間門是常開還是常關狀態？

　　思考二：打掃責任是在誰身上？是在該臥室睡覺者，還
　　　　　　　是他人？

想好了嗎？我們可以將答案歸類為以下四種：

	打掃類型	空間類型	打掃方式
1	房門常開／睡覺的人打掃	這是個兼當起居室的臥室	表示臥室主人的權力在此間是大於其他家人的，若是共有的物品太多，臥室主人就把東西搬到像是玄關的共有空間，再協調東西的新定位。
2	房門常開／不是睡覺的人打掃	這是起居室	家庭成員協商打掃。
3	房門常關／睡覺的人打掃	這是臥室	臥室主人負責打掃。
4	房門常關／不是睡覺的人打掃	兼當臥室的起居室	兼當臥室的起居室，睡在此間的家人話語權雖然較大，但在變動臥房前，要先協調其他家人的意見。若是想要反客為主，最簡單有效的方法就是自己多打掃這房間，讓打掃責任逐漸轉移到自己身上。

如果是共有的臥室，例如配偶、兄弟，真的要考慮前面兩個思考的答案是什麼，或許當成配偶之間私人起居室，會是更合適的打掃方式。

如果「思考一」的答案很不明確，像是房間裡的人想要關起來，卻又有人一直要打開，已經起衝突了，別急著想要打掃乾淨，這樣只會吃力不討好。

如果「思考二」的答案很不明確，可以先理清授權關係。例如小孩將臥室打掃的責任授權給媽媽代勞，但是小孩也有權停止授權，媽媽也有權拒絕授權。或者小孩是睡在起居室，而主人是媽媽，由媽媽布置了這個空間，並授權小孩自己打掃，如果小孩拒絕，她就需自己盡責打掃。

> **家事職人的小叮嚀**
>
> 臥室與更衣間、書房盡可能區分開來，我覺得是有益睡眠品質的。尤其主臥裡的浴室若一時衝動做成透明隔間，「聲光效果」絕對會干擾睡眠。

小孩將臥室打掃的責任授權給媽媽代勞，但是小孩也有權停止授權，
媽媽也有權拒絕授權。

臥室的清潔重點

一、門窗及周圍

門框、門板、窗框、窗簾頂端等等，這些看不見的地方，偶爾還是要拿吸塵器吸走大部分的積灰，再拿濕布擦過，你會發現意想不到的成就感喔！

二、窗簾

具吸音效果的窗簾因為較重，拆下後可能很難獨力掛回，不建議任意拆卸。遮光的窗簾其實應該要因應季節輪替，依光照亮度與時間的不同更換。

透光的紗布簾可以取下來手洗。或是一般日常打掃時，用吸塵器清潔，手法與掛燙衣服一樣，要靠雙手將窗簾繃住，用刷頭的刷毛刷下灰塵，然後灰塵或寵物毛在空中被吸入吸塵器。

三、布製品

臥室裡常有床頭板靠墊、布沙發、絨毛娃娃等布製品，如果直接水洗很難陰乾絨布表面。可以利用吸塵器吸過後，再拿微濕的紗布用按壓方式慢慢擦拭。紗布微濕的狀態，就是比把布浸溼再擰乾更不濕，但是手摸布確實是濕的，而不是「沒有很乾」的狀態。

按壓擦拭時需用指節，而非指尖，才不會被磨擦到紅腫痛，也不會長繭。如果待清的布面已經有產生異味了，不論是霉味、油耗味、雜味，可用微濕的小蘇打粉搓洗絨布面，等小蘇打粉乾掉後再用吸塵器吸除，這樣的效果不輸除味噴霧，而且不會遺留其他香味，不會影響到臥房原本的味道。

> **家事職人的小叮嚀**
>
> 要根除房間異味還是要從源頭管理。例如不要在房裡吃東西、垃圾每天都清理、吃完東西把嘴巴與手都擦一擦。

布娃娃、布沙發等布製品，可用微濕的紗布按壓清潔。

四、小家電

　　許多人房間裡會擺放空氣清淨機、電扇、除濕機等等，機器本身會積灰塵，外部需要擦拭乾淨。空氣清淨機的內部各層濾網，依說明書的指示，進行換新或是水洗。

　　打掃完房間後，將門窗都關上，將空氣清淨機的風量開最大，讓打掃過的房間更乾淨清新。

床底最好能預留打掃空間，不然心裡總有個疙瘩，久久才掃一次時，都會震驚床底的多彩多姿。

陽台

以前一層兩戶的公寓，一進門就是前陽台，客人或家人
會在陽台脫下鞋，穿過落地窗，跨進客廳。

　　陽台，是集中式住宅代替獨門獨院透天厝前院與門廊的
過渡空間，尤其台灣住家大多是要脫鞋進屋的，將鞋與鞋櫃
放在自家前陽台，比放在大門外社區公共走廊或是室內玄關
都更適合。

　　不過現在的電梯大樓住宅，幾乎都將前陽台的出入口設
計在客廳旁，要走出到陽台時需再換穿戶外用拖鞋。前陽台
變得更私人，而非從公開過渡到私人的半公開場域。後陽台
往往也更被忽視，從私人空間變成少人聞問的儲藏室。

　　陽台其實可以是比私人空間更隱密的秘密空間，洗衣曬
衣也好，拈花惹草也罷，願意認領打掃工作的人，就能優先
使用。

陽台的清潔重點

如果沒有將陽台與室內保持同樣打掃頻率的人，可想而知，久久打掃整個陽台是多麼困難又疲累的事。

其實主要問題是出在──沒有把陽台看成是家裡的一部分，沒那麼重要，也很陌生。建議至少先把窗戶的玻璃擦乾淨吧，視野清楚了，再慢慢親近陽台。

一、窗戶玻璃

如果能將窗戶擦乾淨，或許陽台就不會這麼被忽略了。建議將打掃重點放在窗戶看出去的陽台，對窗框、窗溝清潔程度標準放低一些。看起來透亮的玻璃窗其實即使不用橡皮刮刀也可清潔乾淨，只是要多準備一些又乾又淨的抹布。

擦玻璃專用的平板拖把頭像巧克力磚，材質較厚、四方直角，側面的魔鬼氈能黏住抹布。拖把的四邊一定要直角才可以完全擦到玻璃邊緣。

擦玻璃的濕抹布最好是長纖的，吸水量大，讓玻璃上的水濕到會內聚成水灘再往下流，不能只是一顆顆小水珠散布，否則窗上的灰塵就無法溶入水裡，窗戶擦乾後，就會變得不那麼透明。

濕擦後的玻璃要擦乾，如果靠自然風乾就會有一圈圈的水痕。若能用橡皮刮刀集中水分，再拿乾布擦乾殘留的小水珠，會比直接用乾布擦的方式更乾淨透亮。

　　橡皮刮刀只要依序刮過一遍即可，刮過的兩端會留有小水珠是必然的。如果反覆刮，只是讓玻璃留下更多道細小的水珠，刮也刮不乾淨。如果能從上到下，一道道橫著刮，將水集中到一邊，最後在玻璃邊上直著刮一遍，理論上只有玻璃四邊會留下小水珠，再用乾布擦乾即可。

擦玻璃時水會往下流，如果牆面是怕髒的水泥漆白牆，就要先墊布準備吸水。如果陽台牆面已經鋪磚，也想一併清乾淨，最好是先清牆面再清玻璃。玻璃只要被濺到水，不擦乾都會留下水痕。

家事職人的小叮嚀

落地窗高達 3 公尺，不想爬高擦拭的話，可利用伸縮桿進行，安全且有效率。

1. 將伸縮桿接平板拖把，濕擦一遍。

2. 將伸縮桿換接橡皮刮刀，先直著刮、將水集中刮到與人齊高處，再改成橫著刮，刮過一遍後，拿擰乾的濕布把最底下的積水吸乾。

3. 伸縮桿換接平板拖把，魔鬼沾黏著完全乾又淨的乾布，乾擦殘留小水珠的玻璃四邊。

二、窗溝、軌道

氣窗的窗溝，往往是看不到卻想得到一定會有厚厚的灰塵堆積。

窗溝、軌道如果堆積的灰塵很厚，可以先拿吸塵器把顆粒、蟲屍吸走，角落積泥可拿一字起子包覆兩層布再刮除。其實市面上透明硬塑膠的刮板更好用，不怕過硬會刮傷表面，或是也可以拿竹籤代替，讓連一字起子都刮不到的最角落都能刮乾淨。

三、紗窗、紗門

紗窗如果要以乾刷方式除塵時，需注意風向是往窗外吹的，以免擦得滿臉飛沙。或是以濕擦方式，使用長纖抹布的濕度要拿捏剛好，不會濕到滴水的狀態。擦拭紗窗內側時，抹布裡的水會因被擠壓而往下流，此時的濕布藉由摩擦紗窗讓灰塵融入水中，也能讓抹布容易被洗淨。

擦完紗窗內側後，把紗窗與玻璃窗都推到窗戶中間完全重疊，再擦外側。如果是拿伸縮桿擦，可一次擦完整面，如果是手擦，就要先擦半邊，然後再擦另一邊。如果不打算擦玻璃窗，就不要擦紗窗外側。

家事職人的小叮嚀

窗戶需時不時推動，才不會被灰塵卡到推不動，也好讓窗軌都擦得到。有些隔音落地窗一組兩扇，一大一小，一般只推一小扇進出，也要趁擦窗時把大扇推一推，清一清軌道。至於設計成不能自由平推與玻璃窗交錯，只能卸下才能清潔玻璃窗的紗窗，最好也是推到窗戶中央，兩手同時抓著紗窗左右卸下，刷洗後再裝回去。

四、陽台地板

陽台地板也是常被忽略的區塊，如果灰塵積太厚，先以吸塵器吸拭一遍，等窗戶玻璃擦好後再進行拖地。

家事職人的小叮嚀

陽台裡要避免清潔的地方，只有仿石噴砂材質。這種材質剛裝潢好時很好看，能把陽台各明管與牆壁都噴成一體的感覺，但時間久了，易積灰又易掉顆粒，地板到牆邊都需小心維護，免得噴砂被擦掉了。

五、陽台盆栽

　　我見過有些人家在靠窗的室內放了盆栽，但陽台卻是閒置狀態，實在是很可惜。如果陽台的日照充足，請不要放棄為家中增添綠意的可能，擔心清潔照養問題，可以選擇不易落葉的觀葉植物。

盆栽最好要能移動，如果怕重不好搬，加個帶輪的底板或是放在有輪子的櫃子上，問題就解決了。

種植小盆栽，方便室內室外輪換，同時滿足養護與欣賞的需求。

選擇種植一些不易掉葉的觀葉植物，可避免需要一直清掃落葉。

六、曬衣桿＆洗衣機

你家的洗衣機是否有定期清潔？除了擦拭機身，滾筒內部也可以使用專用清潔劑浸泡清洗，甚至請專人拆卸不鏽鋼洗衣筒進行深度清潔。

後陽台曬衣桿，除了安裝可上下升降的滑輪，方便擦拭，也可以拿長條布，跨過曬衣桿，像是要從一頭滑翔到另一頭，左右手輪流拉扯地擦拭。

| 擺放整齊、清理乾淨的陽台，也可以是舒心的場域。

║ 家事職人的小叮嚀

有些人家把陽台加裝窗戶變成室內的一部分，嚴格講起來算是違建，不過對於清潔的真正問題，是變得有更多窗戶要擦，而且只能從內側擦。這種窗戶最好就不要裝紗窗了，也不要有氣窗，兩扇玻璃窗要能互相交錯。

如果做成中間一大片玻璃，只有兩側可以外推的隔音窗，務必要考慮將來拿著伸縮桿擦窗戶的難度，固定的玻璃窗寬超過 5 米或從邊窗起算最遠距離超過 3 米，就很難從內側擦拭外側，將來一定會積累灰色水垢。有些名義上是辦公大樓的豪宅就會發生這種問題，只有玻璃帷幕窗台，沒有陽台，即使管委會固定請專業洗窗師傅從頂樓垂降洗窗戶，只能達到遠看乾淨，住戶自己還是看得到水垢漸漸積累。

生活樹 生活樹 086

日日小掃除，舒壓整理術

作　　　者	林可凡
總 編 輯	何玉美
攝　　　影	王正毅、廖家威
主　　　編	紀欣怡
編　　　輯	謝宥融
封 面 設 計	張天薪
內 文 排 版	theBAND · 變設計—Ada

出 版 發 行	采實文化事業股份有限公司
行 銷 企 劃	陳佩宜 · 黃于庭 · 馮羿勳 · 蔡雨庭 · 陳豫萱
業 務 發 行	張世明 · 林踏欣 · 林坤蓉 · 王貞玉 · 張惠屏
國 際 版 權	王俐雯 · 林冠妤
印 務 採 購	曾玉霞
會 計 行 政	王雅蕙 · 李韶婉
法 律 顧 問	第一國際法律事務所　余淑杏律師
電 子 信 箱	acme@acmebook.com.tw
采 實 官 網	http://www.acmebook.com.tw
采 實 臉 書	http://www.facebook.com/acmebook01

Ｉ Ｓ Ｂ Ｎ	978-986-507-228-5
定　　　價	350 元
初 版 一 刷	2020 年 12 月
劃 撥 帳 號	50148859
劃 撥 戶 名	采實文化事業股份有限公司
	104 台北市中山區南京東路二段 95 號 9 樓
	電話：(02)2511-9798
	傳真：(02)2571-3298

國家圖書館出版品預行編目資料

日日小掃除，舒壓整理術 / 林可凡著 .
-- 初版 . -- 臺北市：
采實文化事業股份有限公司 , 2020.12
176 面 ; 14.8x21 公分 .
 -- (生活樹系列 ; 86)
ISBN 978-986-507-228-5(平裝)

1. 家政 2. 家庭佈置

420　　　　　　　　　109017124